固体废物处理与处置技术研究

陶华旸 李文杰 陈 锷◎著

U0208555

四川科学技术出版社

图书在版编目（CIP）数据

固体废物处理与处置技术研究 / 陶华旸，李文杰，

陈锷著 . -- 成都：四川科学技术出版社，2023.7

（2024.7 重印）

ISBN 978-7-5727-1012-4

Ⅰ . ①固… Ⅱ . ①陶… ②李… ③陈… Ⅲ . ①固体废

物处理－研究 Ⅳ . ① X705

中国国家版本馆 CIP 数据核字（2023）第 111217 号

固体废物处理与处置技术研究
GUTI FEIWU CHULI YU CHUZHI JISHU YANJIU

著　者　陶华旸　李文杰　陈　锷

出 品 人　程佳月
责任编辑　陈　丽
助理编辑　吴　文
封面设计　星辰创意
责任出版　欧晓春
出版发行　四川科学技术出版社
　　　　　成都市锦江区三色路 238 号　邮政编码 610023
　　　　　官方微博 http://weibo.com/sckjcbs
　　　　　官方微信公众号 sckjcbs
　　　　　传真 028-86361756
成品尺寸　170 mm × 240 mm
印　　张　6
字　　数　120 千
印　　刷　三河市嵩川印刷有限公司
版　　次　2023 年 7 月第 1 版
印　　次　2024 年 7 月第 2 次印刷
定　　价　58.00 元

ISBN 978-7-5727-1012-4

邮　　购：成都市锦江区三色路 238 号新华之星 A 座 25 层　邮政编码：610023
电　　话：028-86361770

　　"十四五"规划期是产业调整的关键期，也是弥补基础短板的突破期、经济转型升级的关键期、缩小发展差距的窗口期，伴随着产业调整，固体废物的相关情况也会发生变化。固体废物是人类在生产、生活和其他活动中产生的固态或半固态废弃物的总称，包括城市生活垃圾（也称城市固体废物）、工业垃圾等。固体废物的任意排放会严重污染和破坏环境，其处理与处置一直受到各级政府、科技界、产业界和环境保护企业界的重视。

　　固体废物处理与资源化涵盖了城市生活垃圾的减量化、资源化和无害化，工业固体废物的末端处理与综合利用以及以削减固体废物产生量、提高劳动生产率为目的的清洁生产与管理等内容。近年来，固体废物处理与资源化领域发生了许多变化。对于城市生活垃圾，人们更强调源头分类收集，同时在垃圾收集运输工具、固体废物预处理、填埋、焚烧、裂解、气化和综合利用等处理技术方面有了长足的进步。摸清固体废物的产生、利用处置、贮存等情况是提出固体废物污染防治对策的依据，对提出相应的固体废物污染防治对策显得尤为重要。

　　本书提出合理布局固体废物处理处置设施、固体废物资源化利用、大力宣传固体废物相关知识等对策建议，希望能为固体废物污染防治工作提供一些帮助。

目 录
CONTENTS

第一章 固体废物的概述

第一节 固体废物的定义、性质及分类

一、固体废物的定义

固体废物是指人类在生产、生活和其他活动中产生的丧失原有利用价值或者虽未丧失利用价值但被抛弃或者放弃的固态、半固态和置于容器中的气态物品、物质,以及法律、行政法规规定纳入固体废物管理的物品、物质。

固体废物一般具有如下特点:①无主性,即被丢弃后,不再属于谁,找不到具体负责者,特别是城市固体废物;②分散性,丢弃、分散在各处,需要收集;③危害性,对人类的生产和生活产生不便,危害人体健康;④错位性,一个时空领域的废物在另一个时空领域是宝贵的资源。

固体废物对环境的危害与所涉及的固体废物的性质和数量有关,其处理的依据主要是当地的环境污染控制标准,对环境污染的控制程度与经济发展、民众生活水平有密切关系。

二、固体废物的性质

固体废物所含的污染物质千差万别,可用监测方法对其进行定性、定量分析。

1. 物理性质

固体废物的物理性质包括物理组成、色、臭、温度、含水率、空隙率、渗透性、粒度、密度、磁性、电性、光电性、摩擦性与弹性等。固体废物的压实、破碎、分选等处理方法主要与其物理性质有关。其中色、臭等感官特性可以通过视觉或嗅觉直接加以判断。

2. 化学性质

固体废物的化学性质包括元素组成、重金属含量、pH值、植物营养元素、污

染有机物含量、碳氮比(C/N)、生化需氧量与化学需氧量之比值(BOD/COD)、固体废物中生物呼吸所需的耗氧量、热值、灰分熔点、闪点与燃点、挥发分、灰分和固定碳、表面润湿性等。这类固体废物的堆肥、发酵、焚烧、热解、浮选等处理方法主要与其化学性质有关。

3. 生物化学性质

固体废物的生物化学性质包括病毒、细菌、原生及后生动物、寄生虫卵等生物性污染物质的组成、有机组分的生物可降解性等。这类固体废物的堆肥、发酵、填埋等生化处理方法主要与其生物化学性质有关。

三、固体废物的分类

固体废物是固态或半固态废弃物的总称,可按固体废物的来源、性质与危害、处理处置方法等,从不同角度进行分类。如按化学成分,可分为有机固体废物和无机固体废物;按热值,可分为高热值固体废物和低热值固体废物;按处理处置方法,可分为可资源化固体废物、可堆肥固体废物、可燃固体废物和无机固体废物等。

以下按来源和危害特性进行分类。第一,按来源,固体废物可分为城市固体废物和工农业生产中所产生的废弃物。城市固体废物主要成分包括厨余物、废纸、废塑料、废织物、废金属、废玻璃、陶瓷碎片、砖瓦渣土、废旧电池、废旧家用电器等。工业固体废物主要来自各个工业部门的生产环节所产生的废弃物,由于其废弃物常常具有毒性,破坏整个生态系统并对人体健康产生危害,因而越来越引起人们的重视,其中很多废弃物被划入危险废物一类进行谨慎处理。工业固体废物按行业可分为以下几类:冶金工业固体废物、能源工业固体废物、石油化学工业固体废物、矿业固体废物、轻工业固体废物和其他工业固体废物。第二,按危害特性,固体废物可分为有毒有害固体废物和无毒无害固体废物两类。有毒有害废物又称为危险废物,包括医院固体废物、废树脂、药渣、含重金属污泥、酸和碱废物等。我国危险固体废物是指列入国家危险废物名录,或是根据国家规定的危险废物鉴别标准和鉴别方法认定具有危险特性的废物。其主要来源是工业固体废物,如废电池、废日光灯、日用化工产品。无毒无害废物一般指粉煤灰、建筑固体废物等。

第二节 固体废物的污染与控制

一、固体废物的污染危害

1. 固体废物污染环境的途径

固体废物是各种污染物的最终形态,其中的化学有害成分会通过环境介质——大气、水体和土壤,参与生态系统的物质循环,具有潜在的、长期的危害性,因此,固体废物,尤其是有害固体废物处理处置不当时,能通过各种途径危害人体健康。例如,工业废物所含化学成分会形成化学物质型污染。固体废物是多种病原微生物的滋生地,能形成病原体型污染。

2. 固体废物对自然环境的影响

（1）对土壤环境的影响

固体废物及其淋洗和渗滤液中所含有害物质会改变土壤的性质和土壤结构,并将对土壤中微生物的活动产生影响。这些有害成分的存在,不仅有碍植物根系的发育和生长,而且还会在植物有机体内积蓄,通过食物链危及人体健康。土壤是许多细菌、真菌等微生物聚居的场所。这些微生物形成了一个生态系统,在大自然的物质循环中,担负着碳循环和氮循环的一部分重要任务。工业固体废物,特别是有害固体废物,经过风化、雨雪淋溶、地表径流的侵蚀,产生高温和毒水或其他反应,能杀灭土壤中的微生物,使土壤丧失腐解能力,导致草木不生。

（2）对大气环境的影响

堆放的固体废物中的细微颗粒、粉尘等可随风飞扬,从而对大气环境造成污染。废物填埋场中逸出的沼气也会对大气环境造成影响,它在一定程度上会消耗其上层空间的氧气,从而使种植物衰败。当废物中含有重金属时,可以抑制植物生长和发育,若在缺少植物的地区,则将因其侵蚀作用而使土层的表面剥离。此外,固体废物在运输和处理过程中,也可能产生有害气体和粉尘。

（3）对水环境的影响

在世界范围内,一些国家直接将固体废物倾倒于河流、湖泊或海洋。应当指出,这有违国际公约,理应严加管制。固体废物随天然降水或地表径流进入河流、湖泊,或随风飘迁落入河流、湖泊,污染地面水,并随渗滤液渗透到土壤中,进入地下水,使地下水污染;废渣直接排入河流、湖泊或海洋,能造成更大的水体污染。即使无害的固体废物排入河流、湖泊,也会造成河床淤塞、水面减小、水体污染,甚至导致水利工程设施的效益减少或废弃。

二、固体废物污染控制的特点

对固体废物污染的控制,关键在于解决好危险废物的处理、处置和综合利用问题。我国经过多年实践证明,采用可持续发展战略,走减量化、资源化和无害化的道路是唯一可行的。该战略具体的实现手段如下。

首先,需要从污染源头起始,改进或采用更新的清洁生产工艺,尽量少排放或不排放废物。这是控制工业固体废物污染的根本措施,如在工业生产中采用精料工艺,减少废渣排量和所含成分;在能源需求中,改变供求方式,提高燃烧热能利用率;在企业生产过程中,以前一种产品的废物作为后一种产品的原料,并以后者的废物再生产第三种产品。如此循环和回收利用,既可使固体废物的排出量大为减少,甚至达到零排放,并且能使有限的资源得到充分的利用,满足可持续发展战略的要求。

其次,需要强化对危险废物污染的控制,实行从产生到最终无害化处置全过程的严格管理(即"从摇篮到坟墓"的全过程管理模式),这是目前国际上普遍采用的管理模式。实行对废物的产生、收集、运输、存贮、处理、处置或综合利用者的申报许可证制度,避免危险废物在地表长期存放,发展安全填埋技术,控制发展焚烧技术,建设危险废物泄漏事故应急设施等,都是控制固体废物污染扩散的有效手段。

最后,需要提高全体民众对固体废物污染环境的认识,做好科学研究和宣传教育,当前这方面尤显重要,因而也成为有效控制污染的必要措施之一。

第三节　国内外固体废物概况

一、发达国家固体废物产生量及特性

1. 发达国家固体废物产生量

早期城市规模小,城市固体废物产量低、成分简单,容易被环境消纳,固体废物对环境危害不明显。自工业革命以后,城市人口和城市数量迅速增加,固体废物产量大大增加,随着人们生活方式的改变,固体废物的成分越来越复杂,产生了较为严重的环境问题。

固体废物泛滥首先在发达国家出现并引起重视。20世纪60年代到80年代是发达国家城市固体废物高速增长期。近些年,由于加强了废物管理和回收利用,城市固体废物的产量增长较慢,甚至出现了负增长。

2. 发达国家固体废物的特性

城市固体废物的组成很复杂,其组成成分受到自然环境、经济发展水平、居民生活水平、城市规模、居民生活习惯等因素的影响,主要包括:纸与纸板、玻璃、金属、塑料、织物、木料和其他。工业发达国家城市固体废物特点如下:①有机物多、无机物少;②纸类含量较高,平均高达34%;③含水率较低,平均为28%;④发热量较高,均高于7 000 kJ/kg,平均为8 727 kJ/kg。

二、中国固体废物产生量及特性

1. 中国固体废物产生量

我国是世界上固体废物产生量最大的国家之一,每年新增固体废物总量庞大。随着城市化进程的加快,在相当长的一段时间内,我国固体废物产生量还将高速增长,超过欧美城市固体废物的增长率。据生态环境部《2020年全国大、中城市固体废物污染环境防治年报》,2019 年,我国196个大、中城市一般工业固体废物产生量为13.8亿t,工业危险废物产生量为4 498.9万t,医疗废物产生量为84.3万t,城市生活垃圾产生量为23 560.2万t。其中,一般工业固体废物产生量达13.8亿t,综合利用量8.5亿t,处置量3.1亿t,贮存量3.6亿t,倾倒丢弃量4.2万t。一般工业固体废物综合利用量占利用处置及贮存总量的55.9%,处置和贮存分别占比20.4%和23.6%。

2. 中国固体废物的特性

城市固体废物成分非常复杂,按物理组成可分为纸、橡胶、塑料、金属等18类。我国城市固体废物一般按有机物(厨余固体废物、果皮等)、无机物(包括灰土、渣、陶瓷、砂石等)等共分为九类,其中有七类是可回收废物。

城市固体废物中有机物占总量的60%,无机物约占40%,其中,废纸、塑料、玻璃、金属、织物等可回收物约占总量的20%。根据目前我国城市固体废物的状况可知,固体废物在焚烧时作为燃料的特点是:多成分、多形态;水分多、挥发分高;发热量低、固定碳低。另外,我国城市的固体废物在产量迅速增加的同时,固体废物的构成及特性也发生了很大的变化,可燃物增多,可利用价值增大。

第四节　固体废物的管理

一、固体废物管理的基本原则

固体废物的污染控制与其他环境问题一样,经历了从简单处理到全面管理的发展过程。在初期,世界各国都把注意力放在末端治理上,提出了资源化、减量化和无害化的"三化"原则。

资源化也称综合利用,是指通过对废物中的有用成分进行回收、加工、循环利用或其他再利用,使废物直接变为产品或转化为能源及二次原料,如废旧容器的回用、废塑料热解制燃料油、废纸回用做纸浆、固体废物焚烧发电、填埋产沼气利用等。

减量化是对已经产生的固体废物通过处理减少其体积或质量的过程,如固体废物的焚烧、破碎、压实等。这里需要强调的是,固体废物的资源化也是一种非常有效的减量化处理手段。

无害化是指对已经产生、但又无法或暂时无法进行综合利用的固体废物通过处理降低或消除其危害特性的过程,是保证最终处置长期安全性的重要手段,如固化/稳定化、焚烧、中和、氧化、还原等。

在经历了许多事故与教训之后,人们越来越意识到对固体废物实行首端控制的重要性,于是出现了"从摇篮到坟墓"的固体废物全过程管理的新概念。目前,在世界范围内取得共识的解决固体废物污染控制问题的基本对策是,避免产生(clean)、综合利用(cycle)、妥善处置(control)的"3C"原则。

依据上述原则,可以将固体废物从产生到处置的全过程,分为五个连续或不连续的环节进行控制。其中,各种产业活动中的清洁生产是第一个阶段,在这一阶段,通过改变原材料、改进生产工艺和更换产品等,来控制减少或避免固体废物的产生。在此基础上,对生产过程中产生的固体废物,尽量进行系统内的回收利用,这是管理体系的第二个阶段。当然,在各种生产和生活活动中不可避免地要产生固体废物,建立和健全与之相适应的处理处置体系也是必不可少的,但在很多情况下,清洁生产技术的采用和系统内的回收利用,作为首端控制措施显得尤为重要。

对于已产生的固体废物,则通过第三阶段(系统外的回收利用,如废物交换等)、第四阶段(无害化/稳定化处理)、第五阶段(处置/管理)来实现其安全处理处置。在最终处置/管理阶段的前面还包括浓缩、压实等减容减量处理。

二、固体废物管理法规与标准

1. 固体废物管理法规

解决固体废物污染控制问题的关键之一是建立和健全相应的法规、标准体系。20世纪70年代以来,随着对美国拉夫运河废物污染事件的宣传,许多国家先后开展了固体废物及其污染状况的调查,并在此基础上制定和颁布了固体废物管理的法规和标准。

美国是目前世界上工业发达国家中环境法规最完善的国家之一,其全国性的环境立法始于19世纪,如1899年颁布的《河流与港口法》。到20世纪60年代末期,环境法规已逐步建立。在环境法规中,与固体废物有关的法规主要有四个,《固体废物处置法》是1965年制定的第一个固体废物的专业性法规,1976年修改为《资源保护及回收法》(RCRA),该法后经多次修订,日臻完善,迄今已成为世界上最全面、最详尽的关于固体废物管理的法规。根据RCRA的要求,美国EPA又颁布了《有害固体废物修正案》(HSWA),其内容共包括九大部分及大量附录,每一部分都与RCRA的有关章节相对应,实际上是RCRA的实施细则。为了保证固体废物管理设施能以保护公众健康和环境安全的方式进行设计、建设和运行,该修正案还规定了有关处理、贮存和处置的中间和最终设施的标准。为了清除已废弃的固体废物处置场对环境造成的污染,美国又于1980年颁布了《综合环境反应补偿与责任法》(CERCLA),俗称"超级基金法"。该法规定,联邦政府直接负责解决处置场地有害物质的释出以及可能危及公众健康和环境的污染问题,对废弃的无人管理的处置场提供清理费用。为了确保对废弃场地补救活动的有效进行,还制定了有关补救行动的技术规范。

我国全面开展环境立法的工作始于20世纪70年代末期。在1978年的宪法中,首次提出了"国家保护环境和自然资源,防治污染和其他公害"的规定。

我国于1979年制定并通过了《中华人民共和国环境保护法(试行)》。历经了十年的实践后,在吸取教训、总结经验的基础上,于1989年,重新修编改订并正式颁布实施了《中华人民共和国环境保护法》。《中华人民共和国环境保护法》是我国环境保护的基本法,对我国环境保护工作起着重要的规范作用。1979年之后,我国又相继颁布了《中华人民共和国海洋环境保护法》《中华人民共和国水污染防治法》《中华人民共和国大气污染防治法》《中华人民共和国森林法》《中华人民共和国草原法》等,对海洋环境保护、海洋开发、海洋倾废引起的污染防治、地表水及地下水的污染防治、大气污染防治及监督管理作出了详细的规定。为了便于已制定法规的实施,我国还制定了一系列的环境标准。

我国早期关于固体废物管理的法律内容多包括在其他法规中,如《关于保护和改善环境的若干规定(试行草案)》《关于治理工业"三废"开展综合利用的几项规定》《关于开展资源综合利用若干问题的暂行规定》均对固体废物的综合利用、化害为利作了明确的规定。前述的《中华人民共和国海洋环境保护法》和《中华人民共和国水污染防治法》中也包括有关防治固体废物污染和其他危害的规定。此外,关于城市固体废物的管理,主要集中体现在《城市市容和环境卫生管理条例(试行)》《公共场所卫生管理条例》和《城市环境卫生设施规划规范》之中。其他有关矿产资源、卫生运输、安全、税收、放射性物品的管理等法规中,也有一些关于固体废物管理的内容。

由于我国对防治固体废物污染的立法起步较晚,法规、标准的数量有限,目前尚未形成完整的法规体系,远远不能满足固体废物环境管理的需要,也限制了其他有关标准的制定。此外,我国还需加强固体废物管理体制方面的建设,健全立法中的组织机构,推广、实行许可证和转运单制度,使我国的固体废物污染控制逐步走上法治化管理的道路。

2. 固体废物污染控制标准

固体废物的环境保护控制标准与废水、废气的标准是截然不同的,无法采用末端浓度控制的方法。我国固体废物控制标准采用处置控制的原则,在现有成熟处置技术的基础上,规定废物处置的最低技术要求,再辅以释放物控制,以达到固体废物污染环境防治的目的。

固体废物污染控制标准分为两大类,一类是废物处置控制标准,即对某种特定废物的处置标准、要求。目前,这类标准有《含多氯联苯废物污染控制标准》。另外《城市垃圾产生源分类及垃圾排放》中有关城市固体废物排放的内容应属于这一类。另一类标准则是设施控制标准,目前已经颁布或正在制定的标准大多属于这类标准,如《生活垃圾填埋场污染控制标准》《生活垃圾焚烧污染控制标准》《一般工业固体废物贮存和填埋污染控制标准》《危险废物填埋污染控制标准》。

三、我国固体废物管理制度

根据我国国情,并借鉴国外的经验和教训,《中华人民共和国固体废物污染环境防治法》制定了一些行之有效的管理制度。其包括:①分类管理制度;②工业固体废物申报登记制度;③固体废物污染环境影响评价制度及其防治设施的"三同时"制度;④排污收费制度;⑤限期治理制度;⑥危险废物行政代执行制度;⑦危险废物经营单位许可证制度;⑧危险废物转移报告单制度。

四、固体废物的处理处置技术体系

根据工业发达国家的经验,要有效地控制固体废物的污染,必须建立具有一定规模的处理处置设施,即对废物实行区域性集中管理。根据固体废物管理的基本原则和我国固体废物的产生现状和特性,要建立一个完整的固体废物处理处置技术体系,首先有必要对以下技术进行研究和开发:综合利用技术、资源化/减量化技术、焚烧技术、稳定化/固化技术、填埋处置技术。

1. 综合利用技术

综合利用是实现固体废物资源化、减量化的最重要手段之一,在废物进入环境之前,对其加以回收、利用,可以大大减轻后续处理处置的负荷,达到事半功倍的效果,因此,在固体废物处理处置技术体系的建立过程中,应该把综合利用技术放在首要的位置。

我国固体和危险废物的综合利用技术的发展趋势可以概括为以下几点:①开发大量消纳固体废物的实用技术;②开发多品种、深加工产品的生产技术;③分散回收、集中处理;④制定鼓励综合利用产品进入市场的法规和经济政策;⑤在全国范围内广泛建立区域性废物交换系统。

2. 资源化/减量化技术

固体废物中含有大量的可再生资源和能源,在使固体废物得到无害化处理的同时,实现其资源的再生利用,已经成为当今世界各国废物处理的新潮流。同时,对固体废物实行再生利用也是实现其减量化的有效手段。目前,工业规模的固体废物资源化/减量化技术包括分选、破碎、压实、浓缩、脱水、焚烧、堆肥、厌氧消化等。

在固体废物的资源化处理技术中有许多是与其他各种处理技术(如焚烧、热解、固体燃料、回收金属等)相关联的,这里不赘述,仅就不相关联的内容总结归纳如下:①利用城市固体废物和有机污泥生产高效复合生物有机肥料的技术;②高固体厌氧消化技术;③城市固体废物填埋产沼技术;④高效污泥浓缩、脱水技术;⑤热化学与化学氧化处理技术。

3. 焚烧技术

焚烧是实现固体废物减量化、无害化和资源化的最有效方法之一,它适用于那些无法再生利用且不能直接填埋处置的废物,焚烧处理有以下几个特点:①减量化程度大可以使废物减量80%以上;②无害化效果好几乎可以完全杀灭病菌,并能使废物中的有毒、有害物质得到相当彻底的破坏;③可以回收废物燃烧产生的热量,作为区域能源;④焚烧厂靠近城区,有利于降低运输成本。

4. 稳定化/固化技术

稳定化/固化是固体废物无害化处理的一项重要技术,在区域性集中管理系统中占有举足轻重的地位。经其他无害化、减量化处理的固体废物,都要全部或部分地经过稳定化/固化处理后,才能进行最终处置或加以利用。稳定化/固化技术包含了许多物理和化学机制,针对不同的废物有多种处理方法。这些技术的主要目的都是将废物中的有害物质转化成物理、化学特性更加稳定的惰性物质,降低其有害成分的浸出率,或使之具有足够的机械强度,从而满足再生利用或处置的要求。目前已经应用和正在开发研究的稳定化/固化技术有:水泥固化,石灰固化,热塑性固化,熔融固化,自胶结固化,化学药剂稳定化。

5. 填埋处置技术

在固体废物区域性集中处理处置设施中,填埋处置是废物的最终归宿,经过各种无害化、减量化处理的废物残渣,最终将集中到填埋场进行处置。固体废物的土地填埋是一种古老的处置方法,设计比较简单。现代化的填埋场无论在设计概念、设计原则、设计标准和设计方法上,还是在所采用的防水防渗材料和排水材料上,都与传统的填埋场有着本质的区别。目前,工业发达国家在设计危险废物填埋场时,大多采用多重屏障的概念,利用天然和人工屏障,尽量做到使所处置的废物与生态环境相隔离。从设计思想来看,不但要注意填埋场浸出液的尾端处理,更要强调其首端控制,以求减少浸出液的产生量、提高处置废物的稳定性和填埋场的长期安全性,并尽量降低填埋操作和封场后的运行费用。

第二章 固体废物的收集与运输

第一节 固体废物的收集与运输概述

固体废物的收集是指把各种城市生活和工业生产产生的固体废物通过各种收集方式集装到固体废物收集车上的过程。固体废物根据其形态、性质、产生原因有不同的收集和处理方法。

固体废物的运输是指收集车辆把收集到的固体废物运至终点、卸料和返回的全过程。固体废物的收集和运输是整个收运管理系统中最为复杂、耗资最大的操作过程,对整个固体废物的管理有重要的影响。固体废物收运效率和费用的高低主要取决于固体废物收集方法、收运车辆数量、装载量及机械化装卸程度、收运次数、时间、劳动定员和收运路线等。

需要注意的是,固体废物中的危险废物的处理处置应当看作是复杂的过程,从技术和组织两方面来说,在不同阶段(如收集、临时贮存、运输、处理和处置)都是高度互相依赖的。从产生废物的地点到处理和处置的地方,安全地收集和运输危险废物成了这一链条的关键性一环。在有危险废物的地方,群众和操作者都不准暴露于不必要的危险之下。因此,生态环境部颁布了《危险废物收集贮存运输技术规范》,对这一环节的各个方面做了具体要求。

一、固体废物收集方法

固体废物收集方法有多种:根据收集时固体废物的包装方式,可分为散装收集和袋装收集;根据收集时固体废物是否已分类,可分为混合收集和分类收集;根据收集过程中固体废物储存容器是否随固体废物一起运往中转站或处置场,可分为固定容器收集法和移动容器收集法;根据收集的场所,可分为上门收集和定点收集;根据收集的时间,可分为定时收集和随时收集。

一个地区究竟选择何种收集方法,一般应考虑下列因素:①固体废物的产生方式;②固体废物的种类;③公共卫生设施和设备的完善程度;④地方条件和建筑性质;⑤处理处置方式;⑥固体废物管理的目标要求等。

不同的固体废物收集方法在与相应的清运和处理方法相匹配的基础上,既可以单独使用,又可以组合使用。

二、固体废物运输方法

根据有无中转设施,固体废物运输方法可分为直接运输与中转运输。直接运输法中,固体废物收集车即为运输车,各储存点的固体废物集装到固体废物收集车上后直接运至固体废物处理利用设施或处置场。中转运输是指利用中转站,将从各分散收集点较小的收集车清运来的固体废物转装到大型运输工具,并将其远距离运输至固体废物处理利用设施或处置场的运输方法。

运输距离的长短是决定采用何种运输方法的主要依据。如果固体废物收集的地点距处理地点不远,用固体废物收集车直接运送固体废物是最常用且较经济的方法。只有在固体废物的运输距离较远时,才有采用中转运输的必要。采用中转运输的主要目的是节约固体废物的运输费用。这是因为长距离运输时,大吨位运输工具的运行费用比小吨位的要低;此外,固体废物在中转站经压缩等处理后,容积密度明显提高,从而可大大提高载运工具的装载效率,有利于降低固体废物运输的总费用。一般来说,当固体废物运输距离超过20 km时,应设置大、中型中转站,运输距离越长,采用中转运输越合算。因此,小型固体废物运输一般采用直接运输,大、中型固体废物运输多采用中转运输。

第二节　城市固体废物的收集与运输

一、固体废物的收集

1. 收集方式

固体废物收集是收集设备、设施和收集作业方式等要素的组合,是固体废物从源头向处理场、处置场或运输站转移的全过程。

（1）露天堆放收集

目前,露天堆放收集的方式在我国一些中小城市和部分农村地区仍然存在,主要有散装堆放收集和固体废物池收集两种方式,清运车辆多为敞开式、自卸式固体废物运输车。散装堆放的弊端十分明显,经常造成污水遍地、恶臭四溢等污染现象,成为区域范围内的主要污染源。

（2）固体废物房收集

固体废物房收集是一种以固体废物房为基本设施的固体废物收集,主要分为散装固体废物房收集和桶装固体废物房收集两种形式。散装固体废物房内部设置有固体废物堆放平台,固体废物的装车主要由人力完成,散装固体废物房内工作环境差,工人工作效率低,并容易造成对周边环境的污染。桶装固体废物房由于内部设置有固体废物桶,装车一般由固体废物车完成,实现了固体废物的不落地,对周边环境污染较少。

（3）固体废物车收集

固体废物车收集也称固体废物车流动收集,是指固体废物收集专用车沿居民区街道定时收集居民固体废物或者收集居民在某一时间段内放置在路旁的袋装固体废物。采用这种方式收集固体废物,一般要在路边设置固体废物收集容器。居民小区内的固体废物一般由居民送入放置于住宅楼下或进出道路两侧的固体废物桶内,清洁工在指定时间将固体废物桶运送至路边方便固体废物车装车的地点,然后由固体废物车装车后运往固体废物处理场或中转站。

（4）收集站收集

目前国内各地区收集站的名称不一致,有收集站、小型压缩运输站、小型中转站等各种称谓。收集站的规模也不确定,规模一般在几吨到上百吨之间,没有明确的界限。在设计建设过程中,规模较大的收集站参考中转站的相关标准,较小的收集站主要是考虑满足厂家设备的要求。

2. 作业方式

（1）上门收集和定点收集

作业方式按收集的场所可分为上门收集和定点收集。上门收集指由小区清洁工在楼层和单元口进行收集,或作业单位沿街店铺上门收集,送至固体废物房或小型压缩收集站(或居民小区综合处理站),主要特点是以密集型劳动力代替密集型收集点,减少了污染点。定点收集包括固定式固体废物池收集、露天固体废物容器点收集、固体废物房收集等。

（2）定时收集和随时收集

作业方式按收集的时间可分为定时收集和随时收集。定时收集是一种以固体废物定时收集为基本特征的固体废物收集方式。作业单位定时到固体废物产生源收集,采用标准的人力封闭收集车送至标准的小型压缩收集站,或采用标准的人力封闭收集车送至运输站、处理场。这种方式主要存在于早期建成的住宅区。其特点是取消固定式固体废物箱,在一定程度上消除了固体废物收集过程中的二次污染。由于固体废物必须在指定时间收集并装入固体废物收集车内,在实际操作过程中,常出现排队等车的现象。随时收集是根据固体废物产生者的要求随时收集。对固体废物产生量无规律的区域,适于采用随时收集的方法。

3. 常用收集设备

常用收集设备主要有:小型固体废物收集车,自卸式固体废物车,自装卸式固体废物车,摆臂式固体废物车,压缩式固体废物车。

二、固体废物的运输

1. 运输模式

（1）直接收运模式

该种模式的主要特点是通过收集车辆将分散于各收集点的固体废物直接装车运往固体废物最终处理处置设施地。收集车辆主要分为压缩收集车和非压缩收集车两种。

（2）一次运输模式

该种模式的主要特点是通过收集车辆将分散于各收集点（固体废物箱、固体废物桶、果皮箱等）的固体废物直接装车运往固体废物收集站,收集后运至固体废物最终处理处置设施地。收集站分为压缩式收集站和非压缩式收集站两种。

（3）二次运输模式

该种模式的主要特点是通过收集车辆将分散于各收集点（固体废物箱、固体废物桶、果皮箱等）的固体废物直接装车运往固体废物收集站,收集后运至大型固体废物运输站进行压缩处理,由运输车运至固体废物最终处理处置设施地。

2. 运输站

国内外固体废物运输站的类型是多种多样的,它们的主要区别是站内中转处理固体废物的设备及其工作原理和对固体废物处理的效果（减容压实程度)不同。

(1)按固体废物压实程度划分

有直接运输式、推入装箱式和预压缩装箱式。直接运输式:固体废物由小型固体废物收集车从居民点收集后,运到运输站,经称重计量,驶上卸料平台,直接卸料进入大型固体废物运输车的车厢内。推入装箱式:固体废物由小型固体废物收集车从居民点收集后,运到运输站,经称重计量后,驶上卸料平台,将固体废物卸入固体废物槽。预压缩装箱式:固体废物由小型固体废物收集车(人力三轮车或机动三轮车)从居民点收集后,送到运输站,经称重计量后卸到固体废物压实机的压缩腔内,在液压油缸的作用下,利用压实机压头进行减容压实(再打包)成形(块),再装上运输车运到处置场地卸载。

(2)按压实设备运动方向划分

有水平压缩方式和竖直压缩方式。水平压缩方式:运输站内采用水平式压缩机。主要包括预压缩式、直接压入式、预压打包式、螺旋压缩打包式、开顶直接装载式等几种基本形式,而其中最常用的是水平直接推入装箱式和水平预压缩装箱式两种方式。竖直压缩方式:运输站采用上下移动的压头,将固体废物垂直方向压缩装入固体废物集装箱(容器)的压缩机,主要包括直接推入装箱式和预压缩装箱式两种方式,其中国内最常用的为直接推入装箱式。

3. 运输设备

固体废物运输车辆型式的选择取决于固体废物成分、固体废物收集方式及道路情况。目前国内外可供选择的固体废物运输车有很多种类,按装车方位可分为后装式、前装式、侧装式;按装车方式可分为固定车厢式和车厢可卸式;按功能可分为压缩式和非压缩式;按压缩设备与箱体是否一体化分为分体固定式固体废物压缩运输站配套设备和移动式连体压缩运输站配套设备。其中分体固定式固体废物压缩运输站配套设备,由压缩、压缩箱、勾臂车组成,采用压缩机头固定在站内。移动式连体压缩运输站配套设备,一般为压缩机头与箱体合二为一的连体机,在收集、压缩及运输固体废物的过程中不分离。

三、固体废物收集与运输时间及线路

固体废物收运是一种特殊的物流,故而可以从物流的角度来研究固体废物收运,并对固体废物物流的发展进行规划和设计。固体废物收运的规划应当与发展战略和总体规划相统一,并与地方发展现状相适应,必要时还可依据地方环境和需要来确定规划期限:短期规划是期望经过2～5年固体废物收运状况有一个实质性的改变;长期规划则为总体规划,一般为5～20年。

1. 固体废物收运规划的考虑因素

固体废物收运模式的设计是在以下条件下进行的:固体废物处理的方针、政策已明确;固体废物处理方法及处理地点已确定;对固体废物的产量及成分有准确的摸底和预测。衡量一个收运的优劣应从以下几个方面进行。

(1)与前后环节的配合

收运的前端环节为固体废物的产生源,如居民家庭、企事业单位、饭店等。合理的收运应有利于固体废物从产生源向处理系统的转移,而且具有卫生、方便、省力的特点。固体废物收运车辆需与处理场(厂)卸料点配合,即固体废物处理场(厂)卸料点的条件与固体废物收运(或运输)车辆的形式(包括卸料方式)相符合。

(2)环境影响

固体废物收运的环境影响有对外部环境的影响和对内部环境的影响之分。应严格避免对外部环境的影响,包括固体废物的二次污染(如固体废物的抛洒滴漏等)、嗅觉污染(如散发臭气)、噪声污染(主要在机械设备作业过程中产生)和视觉污染(如不整洁的车容、车貌)等。对内部环境的影响主要指恶劣的作业环境。

(3)劳动条件的改善

一个合理的收运系统应能够最大限度地解放劳动力、降低人的劳动强度、改善人民的劳动条件。合理的固体废物收运系统应具有较高的机械化、自动化和智能化水平。

2. 收运规划的一般步骤

收运的规划内容包括:确定采用有中转收运模式或无中转收运模式,即直运还是运集;确定固体废物收集方式,即上门收集还是定点定时收集、流动车辆收集还是收集站收集;配置硬件(包括车辆配置、中转站布点及设备选型等);制定收运作业规程。

收运规划的一般步骤如下:进行固体废物产量、成分、分布统计及预测;根据固体废物处理规划,确定固体废物收集方式,确定是否采用中转;配置硬件;综合制定收运作业规程。收运模式设计一般需要有一个反复的过程,通过各种因素的比较和权衡,最后获得最佳的固体废物收运模式。

(1)确定固体废物产生量

为保证固体废物收运规划的科学合理性和可实施性,固体废物现状的调查和规划期内固体废物产生规律的预测是一项不可缺少的基础工作。调查内容包括:确定固体废物产生源的情况,固体废物产生量、组成、物化特性及收运物流现状,固体废物收运设备、设施,固体废物中可再回收利用物资的回收,固体废物收集方式是否可能会发生变化。

在半径为 r 的固体废物房服务区域内居民的固体废物产生量为:

$$Q_{区域}=Q \cdot d \cdot \pi r^2 \times 10^{-3}$$

式中,

$Q_{区域}$——区域内固体废物日产生量,t/d;

Q——人均日固体废物产生量,kg/(人·d);

d——区域内人口密度,人/km²;

r——服务区域半径,km。

固体废物产生量确定后,可通过固体废物的容重得出实际收集、运输需要的设备量。固体废物容重就是堆积密度或表现密度,即自然堆积、未经外力作用压实的单位体积的固体废物量。我国固体废物堆积密度一般为 400～700 kg/m³。固体废物的容重因固体废物成分不同差异较大。一般来说,若固体废物中纸张、塑料、罐头盒等松散物较多而湿度较小时,其堆积密度较小;而固体废物中灰土瓦砾较多、湿度较大时,堆积密度较大。随着我国人民生活水平的提高,固体废物中塑料、纸张的含量逐渐升高,固体废物容重值呈现减少的趋势。

(2)确定固体废物的收集与运输方式

固体废物的收集与运输方式与整个地区的规模、人口密度、发展定位、固体废物处理布局都有很大的关系。

固体废物收集车直运的方式适合于固体废物产生量分散、固体废物含水率较小、运距较短的地区,如工业区、较分散的居住区及商业区。在运输距离较短、固体废物收集量不大的区域,采用固体废物压缩车收集后直运到处理处置厂,可以减少固体废物运输次数,减少因运输造成的二次污染,降低固体废物收运成本。

固体废物运输方式适合于固体废物产量较大较集中的地区,如较集中的居民生活区及商业区,根据运距情况可采用一次运输或二次运输。对于收集密度较大、运输距离大于10 km的市区和郊区,采用小型压缩式运输站(收集站)较合适;对于运输距离超过30 km且固体废物产生量较大的区域,可采用二级或多级运输方式,即经由数个小型固体废物运输站运输至一个大中型运输站,再集中运往固体废物处理处置厂。

真空管道固体废物收集在国外已有应用,且技术相对成熟,在发达国家的卫星城、世博会、体育运动村等应用较多。但运行费用较高、对固体废物成分有一定的要求,不适合于固体废物含水率较高、有机质含量较高且固体废物量大的居民区。

(3)收运路线规划

在固体废物收运模式、收运车辆类型、收集劳动力配额、收集频次和作业时间确定以后,可着手设计收运路线。

一条完整的收集清运路线大致由收集路线和运输路线组成。在研究探索较合理的实际路线时,需考虑以下几点:①单条作业路线尽量限制在一个地区,尽可能紧凑,没有断续或重复的线路;②工作量相对平衡,使每个作业、每条路线的收集和运输时间都合理地大致相等,这样可使整体效率最高;③每个工作日每辆车收集路线的出发点从车库开始;④考虑交通繁忙、单行道等因素。

3. 固体废物收运优化

收运优化是一个多领域的综合问题。收运效率和费用的高低主要取决于以下因素:①清运操作方式(固定式还是拖曳式);②收运车辆数量、装载量及机械化装卸程度(影响单位作业时间);③收运频次、工作时间段及劳动强度;④收运路线的优化程度。另外还受到社会、环境、经济等诸多因素交互影响。由于固体废物的收运其实是一种特殊的物流问题,是一个产生源高度分散、处置相对集中的"倒物流",因此,借鉴物流理论来指导固体废物收运"倒物流"的规划是可行的。

目前,对固体废物收运的优化大致可分为3个层次:①收集、运输路线(包括配置)的优化;②运输站、处置场规模及选址的优化;③收运的整体优化。综观常用的各种优化模型,多数是以运筹学理论为基础的,从优化方法上看,包括线性规划(LP)、混合整数规划(MIP)(包括0-1整数规划)、动态规划(DP)、多目标规划、随机规划、区间或灰色规划、模糊规划、图论等,大量运筹学优化技术被广泛用于固体废物线路的优化模型当中。

国外早在20世纪70年代就开始通过运用数学模型加运筹学、物流理论等对固体废物收运进行优化研究,并取得了很多研究成果。国内对固体废物收运的研究起步较晚,但研究人员通过充分吸收国外的经验,并结合GIS、建模仿真、群集智能等现代科学方法,在固体废物收运优化研究等方面也取得了一定的成果。

第三章 固体废物的预处理

固体废物种类很多、成分复杂多样,其形状、大小、结构及性质有很大的区别。在储存、收集、运输、回收、再利用、处理与处置等各环节,都需要对其进行一定的预处理。预处理的目的包括:减少尺寸、体积和增加密度,便于储存、收运和降低成本,减少填埋占地;分离有用材料和物质,去除有毒有害物质;改善物料性质,提高后续处理效率和质量,避免对后续处理设备的损坏;对回收物质和材料进行进一步的纯化,提高其利用价值等。

第一节　固体废物压实

一、压实原理与作用

压实又称压缩,它是通过机械压力的作用,减少物料的体积和增加其容重,以提高物料的密实程度。固体废弃物压实有两方面的作用:一是增大容重和减小体积,以便于装卸和运输,确保运输安全与卫生,降低运输成本和减少填埋占地;二是制取高密度料块,便于储存、填埋和再利用。

二、压实设备与流程

1. 压实设备

固体废物的压实机有多种类型,它们可以分为固定式压实机和移动式压实机、小型压实机和工业大型压实机、单向和多向压实机等。高层住宅、中转站、回收站等常使用固定式压实机,压缩式固体废弃物收集车安装的是移动式压实机。小型家用压实机可安装在橱柜下面,大型压实机可以压缩整辆汽车,每日可压缩成千吨的固体废弃物。

不论何种用途的压实机,其构造主要由容器单元和压实单元两部分组成。容器单元接收废物,压实单元对物料施加压力。压实单元利用液压、气压或机械产生的压力使废物致密化。常用的压实机有水平式、垂直式和三向式等。

2. 工艺流程

图3-1为国外某固体废弃物压缩处理工艺流程。固体废弃物先装入四周垫有铁丝网的容器中,然后送入垂直式压实机进行压缩,压力为15~20 MPa,压缩为原体积的1/5。压块由向上的推动活塞推出压缩腔,送入180~200 ℃沥青浸渍池10 s涂浸沥青防漏,冷却后经运输皮带装入汽车运往固体废弃物填埋场。压缩污水经油水分离器进入活性污泥处理系统,处理水经灭菌后排放。

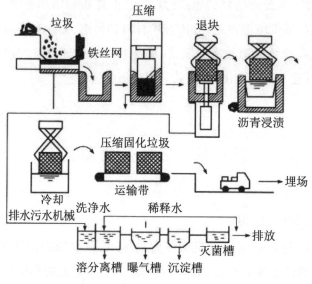

图3-1 固体废弃物压缩处理工艺流程

第二节 固体废物破碎

一、破碎作用

破碎是指通过外力的作用,使大块固体废物分裂成小块的过程。使小块固体废物颗粒分裂成细粉的过程被称为磨碎。对固体废物而言,破碎是使用最多的处理方式之一。破碎处理具有如下作用:①使废物均匀化。破碎使原来不均匀的废物均匀一致,可提高焚烧、热解、熔融、压缩等作业的稳定性和处理效率。②增加废物容重、减少废物体积。破碎便于固体废弃物的压缩、运输、储存,节约填埋用地,降低运输成本。③便于材料的分离和回收。破碎可使原来黏结在一起的异种材料等单体分离出来,有利于从中分选、拣选、回收有价值的物质和材料。④防止粗大、锋利的废物损坏分选、焚烧、热解等处理处置设备。在破碎过程中,原废物粒度与破碎产物粒度的比值被称为破碎比。破碎比表示废物粒度在破碎过程中减少的倍数,主要用于表征废物被破碎的程度。破碎比与破碎机的能量消耗和处理能力都有关。

二、破碎方法

根据固体废物破碎原理,破碎方法可分为压碎、剪切、折断、磨削、冲击和劈裂等(图3-2)。

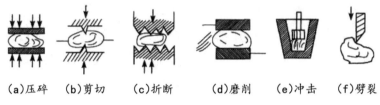

(a)压碎　(b)剪切　　(c)折断　　(d)磨削　　(e)冲击　　(f)劈裂

图3-2　破碎原理图

选择破碎方法时,需考虑固体废物的机械强度,特别是废物的硬度。对于脆硬性废物,如各种废石和废渣等,宜采用挤压、劈裂、冲击、磨削等方法破碎;对于柔硬性废物,如废钢铁、废汽车、废器材和废塑料等,多采用冲击、剪切和破碎;对于一般粗大的固体废物,往往不是直接将它们送进破碎机,而是先剪切、压缩,再送入破碎机。

近年来,低温冷冻粉碎、湿式破碎和超声波粉碎等一些特殊的破碎方法也得到了实际应用,如利用低温冷冻粉碎法粉碎废塑料及其制品、废橡胶及其制品、废电线等。

三、破碎设备

基于破碎原理和破碎方法,人们设计出了各种破碎设备。常用的固体废物破碎机有冲击式破碎机、辊式破碎机、剪切式破碎机等,此外,还有低温(冷冻)和湿式破碎等特殊的破碎设备。

1. 冲击式破碎机

冲击式破碎机通过冲击作用进行废物的破碎处理。在固体废物破碎方面,应用较多的是锤式破碎机和反击式破碎机。

2. 辊式破碎机

辊式破碎机又称对辊破碎机,它主要依靠两个轧辊之间产生的挤压力对废物进行破碎。按照轧辊的个数可分为单辊式、双辊式和三辊式,其中双辊式应用较多。

3. 剪切式破碎机

剪切式破碎机主要通过刀刃对物料的剪切作用,对物料进行破碎处理。常用的有往复剪切式破碎机和旋转剪切破碎机等。

4. 湿式破碎机

对在水中能浆化的物料,可以采用湿式破碎,用湿式破碎机处理。

5. 低温(冷冻)破碎装置

对于常温下难以破碎的固体废物,可利用其低温变脆的性能进行有效的破碎,也可利用不同物质脆化温度的差异进行选择性破碎,这就是所谓的低温破碎技术。低温破碎通常采用液氮作制冷剂。

第三节　固体废物分选

固体废物分选是指通过各种方法,把固体废物中可回收利用的或不利于后续处理、处置工艺要求的物料分离出来的过程。这是固体废物处理过程中主要的处理环节。依据废物物理和化学性质的不同,可选择不同的分选方法,这些性质包括粒度、密度、磁性、电性、光电性、摩擦性和弹性等。相应的分选方法有筛分(选)、重力分选、磁力分选、电力分选、光分选、涡电流分选等。

一、筛分

筛分是利用筛子使物料中小于筛孔的细粒物料透过筛面,而大于筛孔的粗粒物料滞留在筛面上,从而完成粗、细料分离的过程。该分离过程可看作是物料分层和细粒透筛两个阶段组成的。物料分层是完成分离的条件,细粒透筛是分离的目的。由于筛分过程较复杂,影响筛分质量的因素也多种多样,通常用筛分效率来描述筛分过程的优劣。

影响筛分效率的因素有很多,主要有:物料的性质,包括物料的粒度、含水率、含泥量及颗粒形状;筛分设备的运动特征;筛面结构,包括筛网类型及筛网的有效面积、筛面倾角;筛分设备防堵挂、缠绕及使物料沿筛面均匀分布的性能;筛分操作条件,包括是否连续均匀给料、及时清理与维修筛面等。

在固体废物处理中,常用的筛分机械有振动筛、滚筒筛、惯性振动筛等。

二、重力分选

重力分选是根据固体废物在介质中的密度差进行分选的一种方法。不同物质颗粒的密度不同,在运动介质中受到重力、介质动力和机械力的作用不同,据此可使颗粒群产生松散分层和迁移分离,从而得到不同密度的产品。按介质不同,固体废物的重力分选可分为风力分选、重介质分选、跳汰分选等。其中,风力分选在固体废物处理中应用最为广泛。

风力分选简称风选,又称气流分选,是以空气为分选介质,在气流作用下,使固体废物颗粒按密度和粒度大小进行分离的过程。风力分选过程是以各种固体颗粒在空气中的沉降规律为基础的。

风力分选装置在固体废物处理系统中应用非常广泛,其形式多种多样。按工作气流主流向的不同,可将它们分为水平、垂直等类型。

三、磁力分选

固体废物的磁力分选(简称磁选)是借助磁选设备产生的磁场,使铁磁物质组分分离的一种方法。在固体废物的处理系统中,磁选主要用于回收或富集黑色金属,或是在某些工艺中用以排除物料中的铁质物质。

固体废物可依磁性分为强磁性、中磁性、弱磁性和非磁性等组分。这些不同磁性的组分通过磁场时,磁性较强的颗粒(通常为黑色金属)就会被吸附到产生磁场的磁选设备上,而弱磁性和非磁性颗粒就会被输送设备带走或受自身重力(或离心力)的作用掉落到预定的区域内,从而完成磁选过程。

固体废物颗粒通过磁选机的磁场时,同时受到磁力和机械力(包括重力、离心力、介质阻力、摩擦力等)的作用。在废物处理系统中,最常用的磁选设备是滚筒式磁选机和带式磁选机。

四、电力分选

电力分选简称电选,它是利用固体废物中各种组分在高压电场中电性的差异实现分选的一种方法。

电选分离过程是在电选设备中进行的。废物颗粒在电晕-静电复合电场中的分离过程如图3-3所示。给料斗把物料均匀给入滚筒上,物料随着滚筒的旋转进入电晕电场区。由于电晕电极的放电作用,电场区空间带有大量的电荷,使得通过的导体、半导体和非导体颗粒都获得负电荷。当废物颗粒随滚筒旋转离开电晕电场区而进入静电场区时,导体颗粒从滚筒(接地电极)上得到正电荷,很快放电完毕,在电排斥力、离心力和重力的综合作用下,导体颗粒偏离滚筒,在滚筒前方落下;而半导体和非导体颗粒由于放电较慢,带有较多的剩余负电荷,会继续吸附在滚筒上,并随滚筒的转动带到滚筒后方落下或被毛刷强制刷下,从而实现不同颗粒的分离。

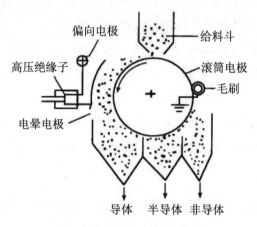

图3-3 电选分离过程示意图

五、光分选

光分选是一种利用物质表面反射特性的不同而分离物料的方法。这种方法现已用于按颜色分选玻璃、塑料的工艺中。

首先,料斗中的各色玻璃混合物通过振动溜槽落入进料皮带上,然后被均匀地送入光学箱中。在标准色板上预先选定一种标准色,当颗粒在光学箱内下落的途中反射与标准色不同的光时,光电子元件就会改变光电放大管的输出电压,再经电子放大装置,给压缩空气喷管一个信号,让喷管瞬间喷射出气流,将异色玻璃颗粒从混合物中吹出来,而其他颜色玻璃依靠重力自然落下,从而实现不同颜色玻璃的分离。

六、涡电流分选

当含有非磁性导体金属(如铅、铜、锌等物质)的废物以一定的速度通过一个交变磁场时,这些非磁性导体金属中会产生感应涡电流。由于废物流与磁场有一个相对运动的速度,从而对产生涡流的金属片块产生推力,推力的方向与磁场方向及废物流的方向均呈90°。利用此原理可将一些非磁性导体金属从混合废弃物中分离出来。

第四节 废物固化与稳定化

废物固化与稳定化处理技术在危险废物的管理工作中起到了重要的作用,其目的是使废物中的污染组分被固化材料包容起来或呈现化学惰性,避免在贮存或填埋处置过程中出现二次污染。固化与稳定化一般视为废物的最终处置的预处理技术,其定义可阐述如下:固化是向危险物质中加入足够的固化剂(包括固体物质),使其生成结构完整的具有一定尺寸的块状压实固化体的过程。固化的产物是结构完整的整块密实固体,可以方便按尺寸大小进行运输,一般无需任何辅助容器。

稳定化是指将有毒有害的污染物转变为低溶解性、低迁移性及低毒性的物质的过程。稳定化一般可分为化学稳定化和物理稳定化。化学稳定化是通过化学反应使有毒物质变成不溶性化合物,使之在稳定的晶格内固定不动;物理稳定化是将污泥或半固体物质与一种疏松物料混合生成一种粗颗粒的有土壤状坚实度的固体,这种固体可以用运输机运送至处置场。实际操作中,这两种过程是同时发生的。

固化/稳定化处理的目的是将污染组分呈现化学惰性或被包裹起来,降低废物中毒性向生物圈迁移的能力,同时便于运输、利用或最终处置。固化过程是一种利用添加剂改变废物的工程特性的过程,可以看作是一种特定的稳定化过程。稳定化过程是利用添加剂与废物混合来完成的,固化与稳定化在概念上有一定的区别,但都是降低废物污染组分迁移性的处理方式。

根据固化过程,固体废物固化处理可以分为包胶固化和自胶结固化两类;根据固化材料可分为水泥固化、沥青固化、塑性材料固化、有机聚合物固化等。固化处理的废物包括电镀及铅冶炼酸性废物、焚烧飞灰、废水处理污泥等。

危险废物固化处理产物为了达到无害化,必须具备一定的性能,即抗浸出性、抗干湿性、抗冻融性、耐腐蚀性、不燃性、抗渗透性、足够的机械强度。危险废物固化处理是否真正达到了标准,需要对其进行物理、化学和工程方面的有效测试,以验证经过固化的废物是否会再次污染环境。

为评价废物固化的效果,各国的环保部门都制定了一系列的测试方法。每种测试得到的结果只能说明某种技术对于特定废物的某些污染特性的稳定效果。所选择的测试技术以及对测试结果的解释,取决于对危险废物进行固化的具体目的。我国目前尚未制定针对固化废物质量进行全面控制的测试标准和测试方法。

目前衡量固化处理效果的主要指标是固化体的浸出率、增容比和抗压强度等。

第四章 固体废物的热处理

固体废物的热处理就是通过高温分解和深度氧化破坏固体废物的结构和组分,达到废物减容、无害化和回收利用的处理过程。

第一节 固体废物的热处理技术

一、固体废物热处理技术的种类

常见的热处理方法有:烧结、湿式氧化、干化、熔融、焚烧、热分解等。

烧结:固体废物烧结技术指的是把固体废物和一定量的添加剂混合,在高温炉中形成致密化强的固体材料的过程。

湿式氧化:固体废物的湿式氧化技术,指的是已成功用于处理含可氧化物浓度较低的废物处理技术。湿式氧化的基本原理是:在高压下有机化合物的氧化速率大大增加,因此在对有机溶液加压的同时,使其加热到一定温度,而后引入氧气就会发生完全液相的氧化反应,这样就破坏了绝大多数的有机化合物。

干化:固体废物的干化处理技术,指的是利用热能把废物中的水分蒸发掉,从而减少固体废物的体积,有利于后续的处理处置。该技术主要用于污泥等高含水率废物的处理。

熔融:固体废物的熔融技术,指的是利用在高温下把固态废物熔化为玻璃状或玻璃–陶瓷状物质的过程。

焚烧:固体废物的焚烧技术是一种常用的热处理技术。该技术是通过深度氧化和高温分解,使有机物转化为无机物,较大程度地减少固体废物的体积,杀灭细菌和病毒,回收热能。

热分解:固体废物的热分解技术,指的是在缺氧的条件下进行热处理的过程。经过热分解的有机化合物发生降解,产生多种次级产物,形成可燃气体、有机液体和固体残渣等可燃物。

二、固体废物热处理技术的特点

固体废物热处理技术与其他处理方法比较,具有以下特点:①减容效果好。对城市生活垃圾进行焚烧处理,其体积可减小80%~90%。②消毒彻底。利用高温处理技术,可使固体废物中的有害成分完全分解,病原菌被彻底杀灭,尤其对于可燃性致癌物、病毒性污染物、剧毒性有机物等,几乎是唯一有效的处理方法。③减轻或消除对环境的影响。热处理技术可大大降低填埋场渗滤液的污染物浓度和释放气体中可燃及恶臭成分。④回收资源和能量。通过对固体废物的热处理,可以从中回收有价值的物品和热能量,如利用焚烧垃圾来发电或供暖等。⑤固体废物的热处理技术操作运行复杂,投资运行费用高,还会产生二次污染。在废物热处理中,都会释放出 SO_2、NO_x、HCl 飞灰和二噁英等。

第二节　固体废物的焚烧处理技术与焚烧系统

固体废物的焚烧处理是指使可燃性固体废物与空气中的氧气在高温下发生燃烧反应,使其氧化分解,达到减容、去除毒性并回收能源的高温处理过程。通过焚烧处理的废物体积可减少80%~90%,残余物为化学性质比较稳定的无机质灰渣,燃烧过程中产生的有害气体和烟尘,经处理达标后可排放。焚烧处理由于占地面积少、可全天候操作、适应性广、废物稳定效果好,是目前固体废物处理的主要方法之一。适于焚烧的固体废物有木材、废纸、废纤维素、有机污泥、有机粉尘、动物性残渣、城市垃圾、可燃性的无机固体废物和其他各种混合废物等。

一、固体废物焚烧处理技术

固体废物的焚烧实质上是废物剧烈、快速氧化反应而产生光和热使温度升高的一种反应过程。很显然,燃烧过程同时伴随着化学反应、流动、传热和传质等化学过程和物理过程,是一个极其复杂的综合过程,且各个过程之间是相互影响、相互制约的。

1. 固体废物的燃烧形式

根据不同可燃物的种类,固体废物燃烧可分为以下三种形式。

蒸发燃烧:如类似石蜡的物质,受热后融化为液体,再进一步受热产生蒸汽,然后与空气混合燃烧。这种燃烧的速度,受物料的蒸发速度和空气中的氧与燃料蒸汽之间的扩散速度控制。

分解燃烧:如木材、废纸等纤维素类物质,受热后分解为挥发性组分和固体碳,挥发性组分中可燃气体进行扩散燃烧,而碳则进行表面燃烧。在分解燃烧的过程中,需要一定的热量和温度,物料中的传热速度是影响这种燃烧速度的主要因素。

表面燃烧:表面燃烧是指类似木炭、焦炭的固体废物,受热后不经过融化、蒸发、分解等过程,而直接燃烧。这种燃烧方式的燃烧速度,受燃料表面的扩散速度和化学反应速度的控制。表面燃烧又称为多相燃烧或置换燃烧。

固体废物中可燃组分的种类十分复杂,所以固体废物的燃烧过程是蒸发燃烧、分解燃烧和表面燃烧的综合过程。

2. 固体废物的燃烧过程

固体废物的焚烧处理,大多属于分解燃烧,焚烧过程可简化成干燥、燃烧和燃尽三个阶段。这三个阶段并非界限分明,尤其是对混合垃圾之类的焚烧过程而言更是如此。从焚烧炉内实际过程看,送入的垃圾中有的物质还在预热干燥,而有的物质已经开始燃烧,甚至已经燃尽了。对同一物料而言,物料表面已进入了燃烧阶段,而内部还在加热干燥。这就是说上述三个阶段只不过是焚烧过程的必由之路,其焚烧过程的实际工况将更为复杂。

(1)干燥阶段

干燥指的是利用热能使固体废物中的水分汽化,并排出生成水蒸气的过程。对于机械送料的运动式炉排焚烧炉而言,从物料送入焚烧炉起到物料开始析出挥发分着火,都被认为是干燥阶段。随着物料送入炉内的进程,其温度逐步升高,表面水分开始逐步蒸发,当温度升高到100 ℃左右,相当于达到一个大气压下水蒸气的饱和状态时,物料中的水分开始大量蒸发,物料不断干燥。当水分基本析出后,物料温度开始迅速上升,直到着火进入真正的燃烧阶段。在干燥阶段,物料的水分是以蒸汽状态析出的,因此需要吸收大量的热量,即水的汽化热。

物料含水分越多,干燥阶段也就越长,从而炉内温度越低。水分过高,会使炉温降低太大,难以着火燃烧,此时需要投入辅助燃料燃烧,以提高炉温,改善干燥着火条件。有时也可采用干燥阶段与焚烧阶段分开的设计,一方面使干燥阶段产生大量的水蒸气不与燃烧的高温烟气混合,以维持燃烧阶段烟气和炉墙的高温水平,保证燃烧阶段有良好的燃烧条件;另一方面干燥吸热是取自完全燃烧后产生的烟气,燃烧已经在高温下完成,再取其燃烧产物作为热源,就不会影响燃烧阶段本身了。

(2)燃烧阶段

固体废物基本完成干燥阶段后,如果焚烧炉内温度足够高,且又有足够的氧化剂,就会很顺利地进入真正的燃烧阶段。燃烧阶段包括同时发生的强氧化、热解和原子基团碰撞三个化学反应。

强氧化反应是固体废物的直接燃烧反应过程。在理论完全燃烧状态下,用空气作氧化剂,焚烧碳、甲烷和典型废物 $C_xH_yCl_z$ 的燃烧反应为:

$$C+O_2=CO_2$$

$$CH_4+2O_2=CO_2+2H_2O$$

$$C_xH_yCl_z+(x+\frac{y-z}{4})O_2=xCO_2+zHCl+(\frac{y-z}{2})H_2O$$

式中,x、y、z 分别为 C、H、Cl 的原子数。

热解反应是指在无氧或近乎无氧条件下,利用热能破坏含碳高分子化合物元素间的化学键,使含碳化合物被破坏或者进行重组的过程。

在燃烧阶段,有机固体废物中的大分子含碳化合物受热后,总是先进行热解,随即析出大量的可燃气体成分,如 CO、CH_4、H_2 或者分子量较小的 C_xH_y 等,这些小分子的气态可燃成分很容易与氧接触进行均相燃烧反应。热解过程挥发析出的温度区间在 200~800 ℃范围内。同一物料在热解过程不同的温度区间下,析出的成分和数量均不相同。不同的废物,其析出量的最大值所处的温度区间也不相同。因此,焚烧混合固体废物时,其炉温的范围,应该充分考虑待燃烧废料的组成情况。特别要注意热解过程会产生的某些有害成分,这些成分如果没有被充分氧化燃烧掉,则必然导致不完全燃烧而污染环境。

原子基团碰撞实质上是 H、O、Cl、CH、CN、OH、C_2、HCO、NH_2、CH_3 等原子基团气流的电子能量跃迁以及分子的旋转和振动产生的红外线、可见光和紫外线,通常在 1 000 ℃左右就能形成火焰,加速固体废物的分解。

(3)燃尽阶段

固体废物在主燃烧阶段进行反应后,参与反应的物质浓度自然就减少了。

反应生成的惰性物质(气态的CO_2、H_2O和固态的灰渣)增加。由于灰层的形成和惰性气体的比例增加,加大了剩余的氧化剂穿透灰层进入物料的深部与可燃成分反应的难度。整个反应的减弱,使物料周围的温度也逐渐降低,反应处于不利状况。因此,要使物料中未燃的可燃成分反应燃尽,就必须保证足够的燃烧时间,从而使整个焚烧过程延长。也就是说,燃尽阶段的特点是可燃物浓度减少,惰性物增加,氧化剂进入的难度相对较大,反应区温度降低。要改善燃尽阶段的工况,通常采用翻动、拨火等办法来有效地减少物料外表面的灰尘,控制稍多一点的过剩空气量,增加物料在炉内的停留时间等。

二、固体废物焚烧系统

不同的焚烧技术和工艺流程有各自的特点。现代大型固体废物,特别是生活垃圾焚烧技术的基本过程大体相同。固体废物焚烧系统主要由处理、储存、进料、焚烧室、烟气排放和污染控制等系统构成。

1. 固体废物的处理与储存

固体废物进入焚烧系统之前应满足物料中的不可燃成分降低到5%左右,粒度小而均匀,含水率降低到15%以下,不含有毒性的物质,因此需要人工拣选、破碎、分选、脱水与干燥等工序的物理处理环节。另外,为了保证焚烧系统的操作连续性,需要建立焚烧前废物的储存场所,使设备具有必要的机动性。

2. 进料系统

焚烧炉进料系统分为间歇式与连续式两种。因为连续进料有许多优点,如炉容量大、燃烧带温度高、易于控制等,所以现代大型焚烧炉均采用连续进料方式。连续进料系统是由一台抓斗吊车将废物由储料仓中提升,入炉前卸进料斗。料斗经常处于充满状态,以保证焚烧室的密封。料斗中废物再通过导管,由重力作用给入焚烧室,提供连续的物料流。

3. 焚烧室

焚烧室是固体废物焚烧系统的核心,由炉膛、炉排及空气供应系统组成。炉膛由耐火材料砌筑或水冷壁构成。焚烧室按构造可分为室式炉(箱式炉)、多段炉、回转炉、流化床炉等。室式炉大多有多个焚烧室,第一焚烧室温度在700~1 000 ℃之间,固体废物在其中进行干燥、气化和初始燃烧等过程。第二、第三焚烧室的作用是进一步氧化第一室中未燃尽的可燃性气体和细小颗粒。焚烧炉焚烧室容积过小,可燃物质不能充分燃烧,会造成空气污染和灰渣处理的问题;而焚烧室容积过大,会降低使用效率。

炉排是炉室的重要组成部分,其功能有两点:一是传送废物燃料通过燃烧带,将燃尽的灰渣转移到排渣系统;二是在其移动过程中使燃料被适当地搅动,促使空气由下向上通过炉排料层进入焚烧室,以助燃烧。炉排类型结构较多,最常见的有往复式、摇动式与移动式三种。设计与选择炉排时,应满足以下要求:①耐高温(辐射热)和耐多种固体废物的腐蚀;②调节空气量与控制温度;③调节物料停留时间;④调节被处理物料的燃烧层高度(厚度);⑤有控制地供给稳定的热量;⑥调节灰渣的冷却程度;⑦控制燃烧气在进入辐射燃烧层表面之前的温度;⑧观察火层和燃烧气体;⑨技术设计上应达到防止再次起火、灰渣的正常传递、损坏部件的可更换性、适当的测量与控制系统等。

助燃空气供风系统是保证废物在焚烧室中有效燃烧所需风量的保障系统,由送风或抽风机送向炉排系统,将足够的风量供于火焰的上下。火焰上送风是使炉气达到湍流状态,保障燃料完全燃烧。火焰下进风是通过炉排由下向焚烧室进风,控制燃烧过程,防止炉排过热。供风量应高于理论需氧量的空气计算值,过量风除保证完全燃烧外,还有控制炉温的作用。实际供风量往往高于理论量的一倍。

4. 废气排放与污染控制系统

废气排放与污染控制系统包括烟气通道、废气净化设施与烟囱三部分。焚烧过程产生的主要污染物是粉尘与恶臭,以及尚存的少量氮硫氧化物。主要污染控制对象是粉尘与恶臭。粉尘污染控制的常用设施有沉降室、旋风分离器、湿式泡沫除尘设备、过滤器、静电除尘器等。废气通过选用的除尘设施,含尘量应达到国家允许排放废气的标准。目前,恶臭的控制尚无十分有效的方法,只能根据某种气味的成分,进行适当的物理与化学处理,减轻排出废气的异味。烟囱的作用一方面是建立焚烧炉中的负压度,使助燃空气能顺利通过燃烧带;另一方面是将燃烧后的废气由顶口排入高空大气,使剩余的污染物、臭味与热量通过高空大气的稀释扩散作用,得到进一步的缓冲。

5. 排渣系统

燃尽的灰渣通过排渣系统及时排出,保证焚烧炉正常操作。排渣系统由移动炉排、通道及与履带相连的水槽组成。灰渣在移动炉排上由重力作用经过通道,落入储渣室水槽,经水冷却的灰渣,由传送带送至渣斗,用车辆运走或用水力冲击设施将炉渣冲至炉外运走。

6. 焚烧炉的控制与测试系统

由于固体废物焚烧过程中,所处理的物料种类和性能变化很大,因而燃烧过程的控制也更加复杂,采用适当的控制系统,对克服焚烧固体废物所带来的许多问题,保证焚烧过程高效率地运行是必要的。焚烧过程的测量与控制系统包括:空气量控制、炉温控制、压力控制、冷却系统控制、集尘器容量控制、压力与温度的指示、流量指示、烟气浓度及报警系统等。

7. 能源回收系统

固体废物焚烧系统的流程如图4-1所示。回收固体废物焚烧系统的热资源是建立固体废物焚烧系统的主要目的之一。焚烧炉热回收系统有三种方式:①与锅炉合建焚烧系统,锅炉设在燃烧室后部,使热转化为蒸汽回收利用;②利用水墙式焚烧炉结构,炉壁以纵向循环水列管替代耐火材料,管内循环水被加热成热水,再通过后面相连的锅炉生成蒸汽回收利用;③将加工后的垃圾与燃料按比例混合,作为大型发电站锅炉的混合燃料。

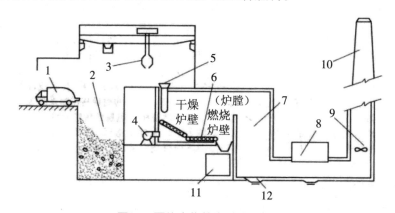

图4-1 固体废物焚烧系统的流程

1—运料卡车;2—储料仓库;3—吊车抓斗;4—强制送风机;5—装料漏斗;
6—自动输送炉壁;7—燃烧室与热回收装置;8—废气净化装置;9—引风机;
10—烟囱;11—灰渣斗;12—冲灰渣沟

第五章 固体废物的生物处理

固体废物的生物处理指的是利用微生物群落或游离酶对有机废物中的生物质的氧化、分解作用消除其生物活性,使之稳定化、无害化的过程,其降解产物可以作为燃料、农肥和其他原料而加以利用,是一种有效而经济的技术途径。

第一节 固体废物的生物处理方法

一、好氧生物处理方法

好氧生物处理方法是一种在提供游离氧的条件下,以好氧微生物为主体有机物降解、稳定的无害化处理方法。固体废物混合物中存在各种相对分子质量大、能位高的有机物作为微生物的营养源,经过一种生化反应,逐级释放能量,最终转化为相对分子质量小、能位低的物质从而稳定下来,达到无害化的要求,以便利用或进一步处理,使其回到自然环境中去。

二、厌氧生物处理方法

厌氧生物处理方法是一种在没有游离氧的条件下,以厌氧微生物为主对有机物降解、稳定的无害化处理方法。在这种厌氧生物处理过程中,复杂的有机化合物被降解,转化为简单、稳定的化合物,同时释放能量。其中大部分能量以甲烷的形式出现,这是一种可燃气体,可回收利用。同时,仅有少量有机物被转化、合成为新的细胞组成部分。

第二节 固体废物的堆肥化处理

通常所说的堆肥化一般是指好氧堆肥化,这是因为厌氧堆肥化中厌氧微生物对有机物的分解速度缓慢,处理效率低,容易产生恶臭,其工艺条件比较难以控制。欧洲一些国家对堆肥化的概念进行了统一,将其定义为:"在有控制的条件下,微生物对固体和半固体有机废物的好氧中温或高温分解,并产生腐殖质的过程"。

一、堆肥工艺的分类

1. 根据堆肥微生物的需氧性分类

根据堆肥微生物对氧的需求,堆肥处理工艺一般可分为好氧堆肥工艺与厌氧堆肥工艺。在一些堆肥工艺中,常常又将二者结合起来,形成好氧与厌氧相结合的堆肥工艺。

好氧堆肥工艺包括三个基本步骤:一是固体废物的预(前)处理;二是有机组分的好氧分解;三是堆肥产品的制取和销售。好氧堆肥具有对有机物分解速度快、降解彻底、堆肥周期短的特点。一般而言,一次发酵在4~12天,二次发酵在10~30天便可完成。好氧堆肥温度高,可以杀灭病原体、虫卵和固体废物中的植物种子,使堆肥达到无害化。此外,好氧堆肥的环境条件好,不会产生臭气。目前采用的堆肥工艺一般均为好氧堆肥。当然,由于好氧堆肥必须维持一定的氧浓度,因此运转费用较高。

厌氧堆肥是依赖专性与兼性厌氧细菌的作用降解有机物的过程,其特点是工艺简单。通过堆肥自然发酵分解有机物,不需要由外界提供能量,因此运转费用低,对所产生的甲烷气体还可加以利用。在厌氧堆肥的过程中,有机物分解缓慢,堆肥周期一般需4~6个月,易产生恶臭,占地面积大,因此厌氧堆肥一直没有大面积推广应用。通常所说的堆肥一般指好氧堆肥。

2. 根据堆肥物料运动形式分类

根据物料在堆肥过程中的运动状态,堆肥工艺可分为静态堆肥工艺和动态堆肥工艺。在实际应用中,常将两种方式结合起来,形成静态堆肥和动态堆肥相结合的堆肥工艺,称为间歇式动态堆肥工艺。

静态堆肥是把收集的新鲜有机固体废物,如厨房垃圾和污泥等,分批造堆发酵。堆肥物质造堆之后,不再添加新的堆肥原料,也不进行翻倒,让其在微生物的作用下进行生化反应,待腐熟后开挖运出。静态堆肥适合于中小城市厨余垃圾、下水污泥的处理。

动态堆肥是采用连续进料、连续出料的机械堆肥装置,具有堆肥周期短

（3～7天）、物料混合均匀、供氧均匀充足、机械化程度高、便于大规模机械化连续操作运行等特点。因此，动态堆肥适用于大中城市固体有机废物的处理。其缺点是动态堆肥要求高度机械化，并需要复杂的设计、施工技术及熟练的操作人员，而且一次性投资与运转成本均较高。

3. 根据堆肥堆制方式分类

按照堆肥工艺堆制方式的不同，堆肥工艺可分为场地堆积式堆肥工艺和密闭装置式堆肥工艺。在实际工程应用中，许多堆肥工艺在主发酵阶段采用密闭装置式堆肥工艺，而再次发酵阶段采用场地堆积式堆肥工艺。

场地堆积式堆肥工艺是将堆肥原料露天堆积，在堆高较低（1～1.5 m）、垃圾中有机成分较少时，一般采用自然通风供氧，微生物发酵所需的氧靠空气由堆积层表面向堆积层内部扩散，或靠堆积时在堆积层中预留的孔道，空气由表面及孔道靠气体分子扩散进入堆层内部。在其他条件不变的情况下，其发酵速度主要受氧扩散速度的限制。这种堆肥工艺的优点是设备简单、投资小、成本低、应用灵活；其缺点是发酵时间长、占地面积大、有恶臭。

密闭装置式堆肥工艺是将堆肥原料密闭在堆肥发酵设备中，通过风机强制通风供氧，使物料处于良好的有氧状态。密闭装置式堆肥工艺的发酵设备有发酵塔、发酵筒、发酵仓等。这种堆肥工艺机械化程度高，堆肥时间短，占地面积小，环境条件好，堆肥品质可靠，适合于大规模批量生产。其缺点是投资大、运行费用高。

除了上述分类方法外，堆肥工艺按温度的不同可分为高温堆肥工艺和中温堆肥工艺，按机械化程度的不同可分为机械化堆肥工艺、半机械化堆肥工艺和人工堆肥工艺。

二、好氧堆肥化的工艺流程

堆肥工艺不论如何分类，好氧堆肥化的工艺流程通常由预（前）处理、一次发酵（主发酵）、二次发酵（后发酵）、后处理、除臭和储存等工艺组成。典型的堆肥工艺流程如图5-1所示。

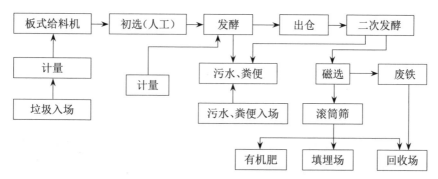

图5-1 典型的堆肥工艺流程

1. 预处理

当以生活垃圾为堆肥原料时,由于垃圾中含有大尺寸和不能堆肥的物质,这些物质的存在会影响垃圾处理的正常运行和堆肥产品的质量,因此需要对堆肥原料进行预处理。原料预处理包括分选、筛分、破碎以及含水率和碳氮比的调整,有时需要添加菌种或酶制剂,以促进发酵过程正常进行。通过破碎、分选和筛分可去除粗大垃圾和降低非堆肥物质的含量,并且通过破碎可使堆肥原料和含水率达到一定程度的均匀化。同时,破碎、筛分使原料的表面积增大,便于微生物繁殖,从而提高发酵速度,促进发酵过程。从理论上讲,垃圾粒径越小越容易分解,但是,考虑到在增加物料表面积的同时,还必须保持其具有一定程度的孔隙率和透气性,颗粒不能太小,以便均匀充分地供氧。理想的物料粒径是25～75 mm。经过分选可回收垃圾中的塑料、金属等物质,使垃圾得到充分的回收利用。

当以人畜粪便、污水、污泥等为主要原料时,由于其含水率太高等原因,预处理的主要任务是调整水分和碳氮比,有时需要添加菌种或酶制剂。

降低水分、增加透气性、调整碳氮比的方法是添加有机调理剂和膨胀剂。调理剂是指加进堆肥化物料中干的有机物,借以减小单位体积的质量并增加与空气的接触面积,以有利于好氧发酵,同时可以增加堆肥化物料的有机物含量。理想的调理剂是干燥、密度较低而较易分解的物质,常用的有稻壳、树叶、秸秆等。膨胀剂是指有机的或无机的固体颗粒,当它加入湿的堆肥化物料中后,能有足够的尺寸保证物料与空气的充分接触,并能依靠颗粒间接触起到支撑作用。普遍使用的膨胀剂是干木屑、花生壳、粒状的废轮胎、小块岩石等。

2. 一次发酵(主发酵)

主发酵一般在露天或发酵装置内进行。通过机械翻堆或强制通风向堆肥层或发酵装置内的物料供给氧气。堆肥时,在发酵仓内,原料在微生物作用下开始发酵,首先分解易降解的有机物,产生二氧化碳和水,同时产生热量,使堆肥温度升高。这一阶段微生物吸取有机物的氮、碳等营养成分,在合成细胞物质并自我繁殖的同时,将细胞中吸收的物质分解而释放热量。

发酵初期,易降解的有机物主要靠嗜温菌进行分解,此时最适宜温度为 30 ~ 40 ℃。随着温度的上升,最适宜温度为 45 ~ 65 ℃ 的嗜热菌取代了嗜温菌,此时堆肥由中温阶段过渡到高温阶段。根据无害化要求,堆体在 55 ℃以上的高温环境下持续 8 小时以上便能够达到彻底杀灭病原微生物的目的。然后堆肥将进入降温阶段。通常,在严格控制通风量的情况下,将堆温开始上升到开始降低的阶段作为主发酵阶段。生活垃圾好氧堆肥化的主发酵时间为 3 ~ 10 天。

3. 二次发酵(后发酵)

经过主发酵的堆肥半成品被送到后发酵工序,将主发酵工序尚未分解的易分解有机物和较难分解的有机物进一步分解。

作为土壤肥料,堆肥的分解需要进行到不会夺取土壤中的氮的稳定化程度(即充分腐熟),否则碳氮比过高的未充分腐熟堆肥施用于土壤,会导致土壤呈氮饥饿状态。而碳氮比过低时,未腐熟堆肥施用于土壤后会分解产生氨气,危害作物的生长。因此需要再经过后发酵将主发酵尚未完全分解的有机物和木质纤维等进一步分解,使之变成比较稳定的有机物(腐殖质等),从而得到完全腐熟的堆肥产品。后发酵一般采用静态条垛的方式进行。一般将物料堆积到 1 ~ 2 m 高,当有机物分解较强烈并造成堆体温度上升明显时,还需要进行翻堆或进行必要的通风处理。

后发酵时间的长短取决于堆肥的施用情况。例如,如果是在农闲时期施堆肥,则大部分堆肥可不经过后发酵直接施用;若施用于长期耕作的土地时,则需要使其充分发酵直至进行到本身已有微生物的代谢活动,而不致夺取土壤中的氮并过度消耗土壤孔隙中的氧。后发酵时间一般维持在 20 ~ 30 天以上。

4. 后处理

为提高堆肥品质、精化堆肥产品,熟化后的堆肥必须进行后处理以去除其中的杂质,或按需要加入氮、磷、钾等添加剂,研磨造粒,最后打包装袋。有时为了减少物料提升次数、降低能耗,后处理也可放在一次发酵和二次发酵之间。在经过两次发酵后的物料中,几乎所有的有机物都变细碎和变形,数量也减少。后处理包括:分选、破碎,去除残余的塑料、玻璃、陶瓷、金属等杂物,使堆肥产品颗粒化、规格化,以便于包装、运输和施用。用于后处理的设备有振动筛、磁选机、研磨机、弹性分离机、抛选机、造粒机等。

5. 除臭

在堆肥过程中,常伴有臭气产生,成分主要为氨、硫化氢、甲基硫醇、胺类等,必须进行脱臭处理。去除臭气的方法主要有生物除臭法、化学除臭剂除臭法、溶液吸收法、活性炭或沸石等吸附剂吸附法、臭氧氧化法。在露天堆肥时,可在堆肥表面覆盖腐熟堆肥,以防止臭气逸散。其中,最经济实用的方法是将源于堆肥产品的腐熟堆肥置于脱臭器,堆高 0.8~1.2 m,将臭气通入系统,使之在物理吸附和生物分解共同作用下脱去氨等产生臭味的物质。这种方法对氨、硫化氢的去除率可达98%以上。常用的除臭装置是堆肥过滤器和生物过滤器。

6. 储存

堆肥的需求具有季节性,多集中在春季和秋季。因此,一般的堆肥厂有必要设置至少能容纳3个月产量的储存设备,以保障堆肥生产的连续进行。成品堆肥可以在室外堆放,但要注意防雨,也可直接堆放在后发酵仓内,或装袋后存放,要求包装袋干燥透气,密闭和受潮后会影响堆肥的质量。

三、典型堆肥工艺

1. 好氧静态堆肥工艺

我国在好氧静态堆肥技术方面有较丰富的实践经验,在《城市生活垃圾好氧静态堆肥处理技术规程》中明确规定,好氧堆肥工艺类型可分为一次性发酵和二次性发酵两类。好氧静态堆肥工艺系统,如图5-2所示。

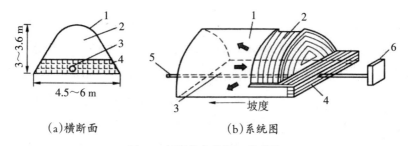

(a)横断面　　(b)系统图

图5-2 好氧静态堆肥工艺系统

1—覆盖层;2—树叶;3—PVC管;4—多孔填充料;5—堵头;6—鼓风箱

好氧静态堆肥形式一般采用露天强制通风垛,或是在密闭的发酵池、发酵箱、静态发酵仓内进行。当一批物料堆积成垛或置入发酵装置之后,不再添加新料和翻堆,直至物料腐熟后运出。好氧静态堆肥由于堆肥物料始终处于静止状态,有机物和微生物分布不均匀,特别是当有机物含量高于50%时,静态强制通风难以在堆肥中进行,导致发酵周期延长,影响该工艺的推广应用。

2. 间歇式好氧动态堆肥工艺

间歇式好氧动态堆肥工艺过程类似于静态一次性发酵过程,其特点是发酵周期缩短,可减小堆肥体积。具体操作是采用间歇翻堆的强制通风垛或间歇进出料的发酵仓,将物料批量地进行发酵处理。对高有机质含量的物料在采用强制通风的同时,用翻堆机械间歇地对物料进行翻动,以防物料结块并保证其混合均匀,提供通风效果使发酵过程缩短。

间歇式好氧动态堆肥装置有长方形池式发酵仓、倾斜床式发酵仓、立式圆筒形发酵仓等。各种装置均配有通风管,有的还附装有搅拌或翻堆设施。

间歇式好氧动态堆肥系统采用分层均匀出料方式。在一次发酵仓底部每天均匀出料一层,顶部每天均匀进料一层,分层发酵。在发酵仓内始终控制一定温度,以促使菌种在最佳条件下繁殖,每天新加的垃圾得到迅速发酵分解,而底部已达到一定腐熟度的垃圾则及时得以输出。这样可使发酵周期大为缩短,其所需发酵仓数目比静态发酵方式减少一半。

3. 连续式好氧动态堆肥工艺

连续式好氧动态堆肥工艺是一种发酵时间更短的动态二次发酵技术,其工艺采取连续进料和连续出料的方式进行,在一个专设的发酵装置内使物料处于一种连续翻动的动态条件下,易于使组分混合均匀,形成空隙利于通风,水分蒸发迅速,使发酵周期得以缩短。

连续式好氧动态堆肥对处理高有机质含量的物料极为有效。正是由于具有以上优点,该堆肥工艺所使用的装置,如达诺系统(DANO)回转滚筒式发酵器、桨叶立式发酵器等,在一些发达国家已被广为采用。图5-3为达诺卧式回转滚筒垃圾堆肥系统,其主体设备为一个倾斜的卧式回转滚筒,物料由转筒的上端进入,并随着转筒的连续旋转而不断翻滚、搅拌和混合,并逐步向转筒下端移动,直到最后排出。与此同时,空气则沿转筒轴向的两排喷管通入筒内,发酵过程中产生的废气则通过转窑上端的出口向外排放。

连续式好氧动态堆肥工艺的特点是:物料不停地翻动,在极大程度上使其中的有机成分、水分、温度和供氧等的均匀性得到提高,达到一定均匀程度的时间缩短,这样就直接为传质和传热创造了条件,增加了有机物的降解速率,亦缩短了一次发酵周期,使全过程提前完成。这对节省工程投资、提高处理能力都是十分重要的。

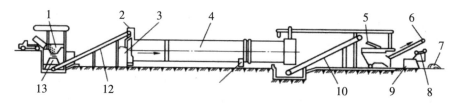

图5-3　达诺卧式回转滚筒垃圾堆肥系统

1—加料斗;2—磁选机;3—给料机;4—达诺式回转窑发酵仓;5—振动筛;6—三号带式运输机;7—堆肥;8—玻璃选出机;9—玻璃片;10—二号带式运输机;11—驱动装置;12—一号带式运输机;13—板式给料机

第三节　固体废物的厌氧消化处理

一、厌氧消化的基本原理

厌氧消化是有机物在厌氧条件下,通过微生物的代谢活动而被降解,同时伴有甲烷和二氧化碳等气体产生的过程。厌氧消化因能回收利用沼气,所以又被称沼气发酵。厌氧处理过程中不需要供氧,动力消耗低(一般仅为好氧处理的1/10),有机物大部分转变为沼气可作为生物能源,更易于实现处理过程的能量平衡,同时也减少了温室气体的排放。

厌氧消化依靠多种厌氧菌和兼性厌氧菌的共同作用,进行有机物的降解。由于厌氧消化的原料来源复杂,参与代谢的微生物种类繁多,其中涉及多种生化反应和物化平衡过程。厌氧消化机理的发展大致分为3个阶段:厌氧消化两阶段理论、三阶段理论和四阶段理论。根据目前的主流四阶段理论,厌氧消化通常可分为水解、酸化、乙酸化、甲烷化4个阶段,其主要降解途径如图5-4所示。

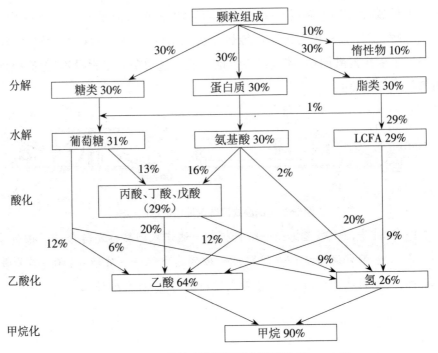

图5-4 固体废物厌氧消化发酵途径

水解阶段：水解过程是一个胞外酶促反应过程，主要是将颗粒状态碳氢化合物、蛋白质和脂肪分解为可以被微生物直接利用的葡萄糖、氨基酸和长链脂肪酸(LCFA)的胞外水解过程。水解的其他初级分解产物，是生物惰性颗粒物和溶解性物质。水解还包括厌氧消化系统内部死亡的微生物分解作为新底物被再利用的过程。

酸化阶段：酸化是溶解性基质葡萄糖、氨基酸和LCFA在微生物的作用下，被降解为各类有机酸(乙酸、丙酸、丁酸、戊酸、己酸、乳酸、甲酸)、氢、二氧化碳和氨的过程。酸化一般没有外部的电子受体和供体。而LCFA的降解是带有外部电子受体的氧化过程，因此被划入乙酸化过程中。因为酸化可以在没有附加电子受体存在时发生，所以产生的自由能较高，反应可以在高的氢气和甲酸浓度下发生，并且具有较高的生物产率。

乙酸化阶段：乙酸化过程是酸化产物利用氢离子或碳酸盐作为外部电子受体转化为乙酸的降解过程。丙酸和碳链更长的脂肪酸、醇、若干芳香族酸被分解为乙酸、氢、二氧化碳。该过程往往只有与氢营养型甲烷化过程同时进行时，才能维持系统低的氢和甲酸盐浓度，满足热力学反应进行的条件。因为氢在热力学和化学计量数上与甲酸盐相似,所以电子受体产物(氢或甲酸盐)通常是指氢。

甲烷化阶段:甲烷化过程是厌氧微生物利用乙酸、氢气、二氧化碳,或利用甲醇、甲胺和二甲基硫化物等含甲基的底物生成甲烷的过程。根据底物的不同类型,可分为乙酸营养型甲烷化、氢营养型甲烷化和甲基营养型甲烷化。乙酸营养型甲烷化是乙酸脱羧生成CH_4和CO_2;氢营养型甲烷化是用H_2还原CO_2,生成CH_4;甲基营养型甲烷化是含甲基底物转化生成CH_4。

此外,还存在同型乙酸化和共生乙酸氧化途径。前者是微生物利用H_2和CO_2生成乙酸,后者则是乙酸被氧化形成H_2和CO_2。

二、厌氧消化工艺类型

厌氧消化发酵工艺类型较多,可按发酵温度、发酵方式、发酵阶段、发酵级差、发酵浓度的不同化分成几种类型。

按发酵温度划分的工艺类型:高温发酵工艺、中温发酵工艺、自然温度发酵工艺。

按发酵方式划分的工艺类型:连续发酵、半连续发酵、批量发酵。

按发酵阶段划分的工艺类型:单相发酵工艺、两相发酵工艺。

按发酵级差划分的工艺类型:单级沼气发酵工艺、两级沼气发酵工艺、多级沼气发酵工艺。

按发酵浓度划分的工艺类型:液体发酵工艺、干发酵工艺。

三、厌氧消化的典型应用

城市污泥与粪便有两种厌氧发酵处理工艺,处理设备有化粪池和厌氧发酵池两种。

化粪池。化粪池也叫腐化池,兼有污水沉淀和污泥发酵双重作用,其结构与工作原理如图5-5所示。标准化大容积化粪池通常分三格。Ⅰ格起分离沉淀、厌氧发酵作用,Ⅱ格采用搅拌充气发生好氧发酵,溢流液迅速液化和气化,进入Ⅲ格后再次沉淀,上清液排入下水道。这种好氧-厌氧组合结构处理效果好。

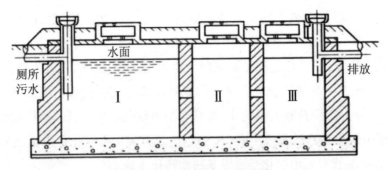

图5-5 化粪池的工作原理

粪水流入化粪池后,速度相对减慢。相对密度大的悬浮固体下沉到池底,在厌氧菌作用下,产生气体上浮,将分解后的疏松物质牵引到液面,形成一层浮渣皮。浮渣中的气体逸散后,悬浮固体再次下沉成为污泥。如此反复分解、消化,浮渣和污泥逐渐液化,最终容积只有原悬浮固体的1%。标准的化粪池中,粪水的停留时间一般为12~24小时,可将大约70%的悬浮固体抑留在池中。

化粪池容积可根据所接纳的粪水量及其在池内的停留时间,按下式计算确定。

$$V=E\left(Qt+ST_zC\frac{100\%-W_s}{100\%-W_{cs}}\right)$$

式中,

E——服务人口数;

Q——每人每天污水量,L;

t——污水在池内停留时间,一般取0.5~1.0天;

S——每人每天污泥量,一般取0.8~1.0 L;

T_z——清泥周期,一般为100~360天;

C——污泥消化体积减小系数,一般取0.7;

W_s——污泥含水率,一般取95%;

W_{cs}——池内污泥含水率,平均取95%。

粪便厌氧发酵池。该厌氧发酵池的池型结构及容积计算与污水处理厂的污泥厌氧发酵池相同,发酵工艺一般分为常温发酵、中温发酵和高温发酵三种。

常温发酵是在不加料的情况下,需经35天才能使大肠杆菌值达到卫生标准。

中温发酵温度为 30 ~ 38 ℃,一般需要 8 ~ 23 天。若一次投料后不再加新料,持续发酵 2 个月,可达到无害化卫生标准;若每天加新料,则达不到无害化卫生标准,排出料仍需进行无害化处理。但采用连续发酵工艺,可回收沼气用于系统本身。

高温发酵温度为 50 ~ 55 ℃,可达到无害化卫生标准。沼气可回收用于加热发酵池,节省能源,经济效益明显。

第六章 固体废物的最终处置

固体废物经减量化和资源化处理后,还有一些剩余的在当前技术条件下无法再利用的残渣,为了防止其对环境和人类健康造成危害,需要给这些废物提供一条最终出路,即解决固体废物的最终归宿问题,必须进行最终处置。最终处置的目的就是最大限度地将废物封闭隔离,避免废物对大气、水体、生态环境和人类的生存环境产生不利影响。

第一节　固体废物填埋处置技术概述

根据目前世界各国的固体废物处置技术水平,无论采用何种先进的污染防治技术,都不可能对固体废物进行100%的回收利用,最终总会残留一部分无法进一步处理利用的废物。

为了防治日益增多的各种固体废物对环境和人类健康造成危害,需要给这些废物提供一条最终出路,即解决固体废物的最终归宿问题。因此,将固体废物经物理、化学、生物处理和回收利用后,最终置于符合环境保护的场所或者设施中,不再对固体废物进行回取或其他任何操作的过程,称为固体废物的处置,也叫最终处置。

目前固体废物处置方法可分为两类:一类是按隔离屏障划分为天然屏障隔离处置和人工屏障隔离处置;另一类是按处置场所分为海洋处置和陆地处置。

天然屏障隔离是利用自然界已有的地质构造及特殊的地质环境所形成的屏障,能够对污染物形成阻滞作用。

人工屏障隔离的界面是人为设置的,如使用适当的容器将固体废物包容或进行人工防渗工程等。在实际工作中,往往根据操作条件的不同而同时采用天然屏障和人工屏障来处置固体废物,使有害废物在得到有效控制的同时,还降低了处置的费用。

海洋处置主要分为海洋倾倒与远洋焚烧两种方法。海洋倾倒是将固体废物直接投入海洋的一种处置方法。它的根据是:海洋是一个庞大的废弃物接受体,对污染物质有极大的稀释能力。进行海洋倾倒时,首先要根据有关法律规定,选择处置场地,然后再根据处置区的海洋学特性、海洋保护水质标准、处置废弃物的种类及倾倒方式进行技术可行性研究和经济分析,最后按照设计的倾倒方案进行投弃。远洋焚烧是利用焚烧船将固体废物进行船上焚烧的处置方法。废物焚烧后产生的废气通过净化装置与冷凝器,冷凝液排入海中,气体排入大气,残渣倾入海洋。这种技术适于处置易燃性废物,如含氯的有机废弃物。

陆地处置的方法有多种,包括土地填埋、土地耕作、深井灌注等。土地填埋是从传统的堆放和场地处置发展起来的一项处置技术,它是目前处置固体废物的主要方法。填埋处理就是将固体废物在选定的适当场所,堆填一定厚度后,加上覆盖材料,让其经过相当长时间的物理、化学和生物作用,达到稳定后,进行生态恢复和填埋场地回用。填埋既是一种处理方式,又是用其他方法不能处理的固态残余物的最终处置方式。

第二节　固体废物的海洋处置法

一、固体废物的海洋倾倒处置

1. 海洋倾倒的基本概念

海洋倾倒是指将固体废物经过化学稳定化、固化处理后用船舶、航空器、平台等运载工具运至适宜距离和深度的海区直接倒入大海中。根据有关法规,选择适宜的处置区域,结合区域的特点、水质标准、废物种类与倾倒方式,进行可行性分析后作出设计方案。按照国际惯例,海洋倾倒的废物容器必须标明投弃国家、单位、废物种类及数量等信息。

固体废物通常装在专用的处置船内,用驳船拖到处置区域。散装固体废物一般在驳船行进中投放,由容器装的废物通常加重物后使之沉入海底,有时将容器破坏后沉海。液体废物用船尾软管伸入水下1.8~4.5 m处连续排放,排放速率为 4 ~ 20 t/min。对于放射性或重金属等有毒害性废物,在进行海洋倾倒前必须进行固化或稳定化处理。装废物的容器结构可用单层钢板桶,也可用外层钢板内层衬注混凝土覆面的复合桶,有效容积通常取 0.2 m³。

为防止海洋污染,对海洋倾倒的废物进行科学管理,严格限定海洋倾倒对象。1972 年在瑞典斯德哥尔摩国际环保大会上通过《防止倾倒废物及其他物质污染海洋的公约》,我国作为负责任的大国,在《中华人民共和国海洋倾废管理条例》中也有相关规定。

2. 海洋倾倒处置的程序

首先,根据有关法规规定选择处置场地;然后,根据处置区的海洋学特性、海洋保护水质标准、废物的种类选择倾倒方式,进行技术可行性和经济分析;最后,按设计的倾倒方案进行投弃。根据《中华人民共和国海洋倾废管理条例》,海洋倾倒由国家海洋局及其派出机构主管(注:2018 年,国家海洋局的职责整合并入自然资源部,自然资源部对外保留国家海洋局牌子);海洋倾倒区由主管部门会同有关机构,按科学合理、安全和经济的原则划定;需要向海洋倾倒废物的单位,应事先向主管部门提出申请,在获得倾倒许可证之后,方能根据废物的种类、性质及数量进行倾倒。

二、固体废物的远洋焚烧处置

1. 远洋焚烧处置的基本概念

远洋焚烧是利用焚烧船将固体废物运至远洋海域进行处理处置的一种方法。这种技术适于处置各种含卤素的有机废物,如多氯联苯(PCBs)、有机农药等卤素烃类化合物。远洋焚烧与陆上焚烧的区别在于,固体废物焚烧后产生的废气通过气体净化装置和冷凝器,凝液排入海洋中,气体排入大气,残渣倾入海洋。根据美国进行的焚烧鉴定试验,含氯有机物完全燃烧产生的水、二氧化碳、氯化氢和氮氧化物排入海洋后,由于海水自身氯化物的含量较高,并不会因为吸收大量氯化氢而使其中的氯平衡发生变化。此外,由于海水中碳酸盐的缓冲作用,也不会因吸收氯化氢使海水的酸度发生变化。因为远洋焚烧对空气净化的要求低,工艺相对简单,所以远洋焚烧处置费用比陆地处置费用低,但比海洋倾倒费用高。

2. 远洋焚烧处置的程序

远洋焚烧操作的管理程序与海洋倾倒操作的管理程序一样,需要远洋焚烧处置的单位,首先要向主管部门提出申请,在其海洋焚烧设施通过检查并获得焚烧许可证之后,方能在指定海域进行焚烧。远洋焚烧用的焚烧器结构因处理废物种类不同而异,有的既可以焚烧固体废物,又能焚烧液体废物。焚烧器一般采用有同心管供给空气和液体的液–气雾化型焚烧器。有机废物一般储存在甲板下的船舱内,为防止因碰撞废物泄漏导致的海洋污染,船舱采用双层结构。

远洋焚烧操作的基本要求如下:①应控制焚烧系统的温度不低于1 250 ℃;②燃烧效率至少在(99.95 ± 0.05)%;③炉台上不应有黑烟或火焰外露;④燃烧器要有供给空气和液体的液、气雾化功能;⑤焚烧船只应有良好的通信设备,焚烧过程随时对无线电呼叫作出反应。

第三节 固体废物的土地填埋处置法

土地填埋处置是从传统的堆放和填埋发展起来的一项固体废物最终处置技术,是一项涉及多学科领域的处置技术,不是单纯的堆、填、埋,而是一种综合性的处置技术。

一、土地填埋处置的分类

土地填埋处置的种类很多,按填埋场的地形特征可分为山沟填埋、峡谷填埋、平地填埋、废矿坑填埋;按填埋场的水文气象条件可分为干式填埋、湿式填埋和干湿式混合填埋;按填埋场的状态可分为厌氧性填埋、好氧性填埋、准好氧性填埋和保管型填埋;按固体废物污染防治法规,可分为一般固体废物填埋和工业固体废物填埋;按固体废物的不同可分为卫生填埋和安全填埋。一般城市垃圾与无害化的工业废渣是基于环境卫生角度而填埋的,其操作与结构形式称为卫生填埋。而对于有毒有害物质的填埋则是基于安全考虑,此操作与结构形式称为安全填埋。

卫生土地填埋主要用来填埋城市垃圾等一般固体废物,使其对公众健康和环境安全不造成危害,填埋场结构要求衬层的渗透率小于10^{-7}cm/s。安全土地填埋是一种改进的卫生土地填埋法,主要用于处置有害废物,使其与生物圈隔离,消除污染,保护环境。安全土地填埋对场地的建造技术要求较严格。一是要求填埋场衬层的渗透系数小于 10^{-8} cm/s;二是要求对渗滤液加以收集和处理;三是要求对地表径流加以控制。

二、卫生填埋法

1. 卫生填埋的概念

卫生土地填埋主要用来处置城市垃圾,利用工程手段将垃圾容积减至最小,使填埋点的面积也最小,并在每天操作结束时或每隔一定时间覆以土层,它是整个过程对周围环境无污染或危险的一种土地处置方法。通常是把每天运到土地填埋场的固体废物,在限定的区域内铺散成40~75 cm的薄层,然后压实以减小废物的体积,并在每天操作后用一层厚15~30 cm的土壤覆盖、压实。废物层和土壤层共同构筑成一个单元,即填筑单元。具有同样高度的一系列相互衔接的填筑单元构成一个升层,卫生土地填埋场是由一个或多个升层组成的。当土地填埋达到最终的设计高度之后,再在该填埋层之上覆盖一层90~120 cm厚的土壤,压实后就形成了一个完整的卫生填埋场。卫生土地填埋场剖面示意图如图6-1所示。

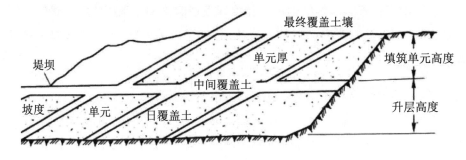

图6-1 卫生土地填埋场剖面示意图

卫生填埋分为好氧填埋、准好氧填埋和厌氧填埋3种类型。其中好氧填埋类似高温堆肥,最大的优点是能够减少因垃圾降解过程渗出液积累过多所造成的地下水污染;其次好氧填埋分解速度快,所产生的高温可有效地消灭大肠杆菌和部分致病细菌;但好氧填埋处置工程结构复杂,施工难度大,投资费用高,难于推广。准好氧填埋场地介于好氧和厌氧之间,也同样存在类似好氧填埋的问题,造价比好氧填埋低。厌氧填埋是国内外采用最多的填埋形式,主要原因是厌氧填埋具有结构简单、操作方便、施工费用低,同时可回收甲烷气体等优点。

为了防治地下水被污染,目前卫生填埋从以往的依靠土层过滤自净的衰减扩散型结构向密封隔绝型结构发展。密封隔绝型结构,就是在填埋场底部和四周设置人工衬里,使垃圾同环境完全屏蔽隔离,防止地下水的浸入和浸出液的释出。

2. 卫生填埋的操作

填埋操作是卫生填埋具体的操作过程,为了保证操作的顺利进行,必须事先制订一份切合实际的卫生填埋操作计划,内容包括:操作规程、交通路线、记录与监测程序、定期操作进度表、意外事故应急计划和安全措施等。

为了降低被填埋废物的含水量,便于压实填埋,减少浸出液的产生等,必须对垃圾进行预处理。填埋操作设备关系到填埋质量和填埋费用,所以填埋设备的选择对卫生填埋操作十分重要。常用的填埋设备有履带式和轮胎式推土机、铲运机、压实机等,有时也采用专门的压实设备,如滚子、夯实机或振动器等。具体选用哪些设备应根据垃圾的处理量、填埋场地等条件来确定。

填埋操作时,如果垃圾不需要预处理,可直接把垃圾从运输车卸到工作面上,铺撒均匀压实。每层填埋的厚度以2 m左右为宜,厚度过大会给压实带来困难,甚至会影响压实效果,厚度过小会浪费动力,增加填埋费用。每日操作之后至少铺撒15 m厚的覆盖土层,并且压实,以防止由于垃圾裸露在外而引起的风蚀或造成火灾,同时减少鸟类和啮齿动物的栖息。在平坦的填埋场,土地填埋操作方式可由下向上进行垂直填埋,也可以从一端向另一端进行水平填埋。图6-2为两种填埋作业方式的断面示意图。垂直填埋又称阶梯式填埋,其优点是填埋操作由底部向上逐层进行,在较短的时间可使填埋的垃圾达到最终填埋高度,既可以减少垃圾的暴露时间,又有助于减少浸出液的数量,所以被广泛采用。

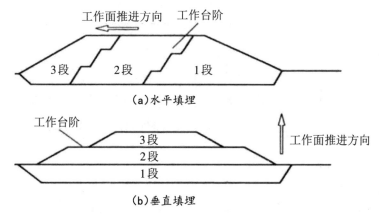

（a）水平填埋

（b）垂直填埋

图6-2 平坦地区的填埋处置操作断面示意图

对于斜坡或峡谷地区,土地填埋可以从上到下或从下往上进行。一般采用从上到下的顺流填埋方法,因为这样既不会积蓄地表水,又可减少渗滤液。

三、安全填埋法

1. 安全填埋的概念

安全土地填埋是改进的卫生土地填埋,填埋场的结构与安全措施比卫生土地填埋场的更为严格,主要用于处置危险废物。其选址要远离城市和居民较稠密的安全地带,从结构上必须设置人造和天然衬里,要求下层土壤或与衬里结合部的渗透率应小于 10^{-8} cm/s,最低层的土地填埋场应位于该处地下水位之上,要采取适当的措施控制和引出地表水,要配置严格的渗滤液收集、处理及监测系统,要设置完善的气体排放和监测系统,要记录所处置废物的来源、性质及数量,把不相容的废物分开处置。若危险废物在处置前进行稳定化处理,填埋后会更安全。

安全土地填埋可以处置所有废物,但为了保护环境,操作时须对处置的废物依照有关法规和标准加以限制。

2. 安全填埋的操作

安全土地填埋的操作与卫生土地填埋操作基本相同。安全土地填埋的操作,应严格按操作程序实施,以防污染环境。对有毒有害的废物必须进行稳定化处理,用桶装好的有害废物,要有规律地放置,桶口朝上,桶的四周要填满足够的吸附剂,以吸收容器可能漏出来的有害物质。

3. 安全填埋场的地下水保护系统

安全填埋比卫生填埋更注重对地下水保护系统的设置,有效的方法是选择适宜的防渗衬里,建立浸出液收集监测处理系统。防渗工程首先要依据被处置废物的性质、场地的水文地质条件、建造费用等选择合适的衬里。衬里可分为无机材料、有机材料和混合衬里材料。无机材料有黏土、水泥等;有机材料有沥青、橡胶、聚乙烯、聚氯乙烯等;混合衬里材料有水泥沥青混凝土、土混凝土等。衬里除具有防止浸出液渗漏的功能外,还具有包容废物、收集浸出液、监测浸出液的作用。

4. 安全填埋的场地监测

场地监测是土地填埋场设计操作管理规划的一个重要组成部分,是确保填埋场正常运行、迅速发现有害污染物释出及进行环境影响评价的重要手段。

场地监测系统主要由渗出液监测系统、地下水监测系统、地表水监测系统以及气体监测系统四部分组成。

（1）渗出液监测

渗出液监测包括填埋场内渗出液监测和处理后的渗出液监测两个方面。填埋场内渗出液监测是指随时监测填埋场内渗出液的液位，定期采样分析。处理后的渗出液监测是指检测渗出液是否达到排放标准。

（2）地下水监测

经常性的地下水监测是场地监测的重点，它主要包括充气区监测和饱和区监测两方面。一是充气区监测。充气区也称未饱和区，是指土地表面和地下水之间的土壤层。该区土壤空隙被部分空气和水所充满，浸出液一旦释出，必须通过它进入地下水。充气区监测是为了及早发现有害污染物质的浸出。充气区监测井紧贴填埋场四周设施，最佳位置是靠近衬垫结构的下部，充气区监测井一般用压力真空渗水器进行采样。为准确反映出浸出液的迁移位置，可在同一监测井垂直设置几个渗水器。二是饱和区监测。饱和区监测是指对场地周围地下水的监测，目的是观察场地在运营前后地下水质变化情况，监测地下水是否被场地滤出的有害物质所污染。饱和区是指地下水位以下的地带，其土壤空隙基本为水充填，且具有流动方向性。饱和区监测井的深度和位置要根据场地的水文地质条件来确定。原则是应能从渗出液最可能出现的储水层收集取样。最简单的地下水监测系统由四口井组成，如图6-3所示。1号井为地下水本底监测井，位于场地水力上坡区，与场地距离不超过3 km，但也不可太近，以提供确切可靠的本底数据。2号井和3号井紧邻填埋场的水力下坡区设置，并用于提供直接受场地影响的地下水水质数据。4号井位于远离填埋场的水力下坡区，用以提供浸出液的释出速度及迁移距离的数据。为节约开支，监测井的设置可同场地选择时地质勘探井结合起来进行。

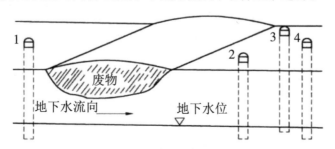

图6-3 填埋场地下水监测系统示意图

地下水监测井的深度可根据场地的水文地质条件来确定。为适应地下水位的波动变化,井深一般在地下水位以下 3 m,如果有多层地下水,可对多层地下水监测。本底井一般要监测两层。

(3)地表水监测

地表水监测是指对填埋场附近地表水,如河流、湖泊等进行监测,以监控浸出液对这些水体的污染情况。地表水监测方便简单,可在填埋场附近的水体取样。

(4)气体监测

气体监测包括对填埋场排出气的监测和填埋场附近的大气监测。其目的是了解填埋废物释放出气体的特点和填埋场附近的大气质量。气体监测一般10～20天进行一次,监测指标主要有 CO_2、CH_4、SO_2、NO_x。

第七章 典型工业废物的处理处置与资源化利用

第一节 工业废物的处理原则与技术

一、工业固体废物概况

工业固体废物是指工业生产、加工过程中产生的废渣、粉尘、碎屑、污泥等废物。按行业主要包括：冶金废渣（如钢渣、高炉渣、赤泥）、矿业废物（如煤矸石、尾矿）、能源灰渣（如粉煤灰、炉渣、烟道灰）、化工废物（如磷石膏、硫铁矿渣、铬渣）、石化废物（如酸碱渣、废催化剂、废溶剂），以及轻工业排出的下脚料、污泥、渣糟等废物。

工业固体废物的成分与产业性质密切相关。在国家绿色经济发展目标及相关政策的促进下，我国工业固体废物的产量较为稳定，2019 年产量约为35.43 亿 t，处理量和综合利用量分别为 8.78 亿 t 和 19.49 亿 t，综合利用率约为55.02%，从整体看，我国工业固体废物的综合利用率有待提升。我国工业固体废物的组成如表7-1所示，利用途径主要为筑路筑坝、工程回填、生产建材原料和化工产品、提炼金属和有用物质、土壤改良等。

表7-1 我国工业固体废物的组成比例
%

尾矿	煤矸石	粉煤灰	冶炼废渣	炉渣	化工废渣	石化废物	危险废物	其他
13～15	18～22	14～18	10～11	10～14	10～12	5～8	5～7	4～7

目前，我国工业固体废物的综合利用率较低，累积的工业废物散乱堆存在河滩荒地、农田或工业区，不仅浪费资源，污染水体、大气和周围土壤，还侵占了大量耕地，需花费巨额资金加以维护管理。

二、工业固体废物的处理原则

工业固体废物的污染控制，遵循资源化、减量化和无害化的"三化"原则，也遵循避免产生（clean）、综合利用（cycle）、妥善处置（control）的"3C"原则，适用于"从摇篮到坟墓"的管理控制体系(图7-1)。

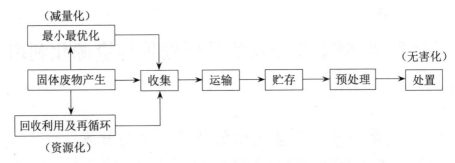

图7-1 工业固体废物"从摇篮到坟墓"的管理控制体系

固体废物从产生到处置的过程可以分为5个连续或不连续的环节:①废物的产生。这一环节应大力提倡清洁生产技术,通过改变原材料、改进生产工艺或更换产品,力求减少或避免废物的产生。②系统内部的回收利用。对生产过程中产生的废物应推行系统内的回收利用,尽量减少废物外排。③系统外的综合利用。对于从生产过程中排出的废物,通过系统外的废物交换、物质转化、再加工等措施,实现其综合利用。④无害化/稳定化处理。对于那些不可避免且难以实现综合利用的废物,则通过无害化、稳定化处理,破坏或消除有害成分。为了便于后续管理,还应对废物进行压缩、脱水等减容减量处理。⑤最终处置与监控。最终处置作为固体废物的归宿,必须保证其安全、可靠,并应长期对其监控,确保不对环境和人类造成危害。

对于上述第②~⑤环节的固体废物利用与处理,现在各地一般采用集中与分散相结合的工业固体废物处理处置系统。

集中处理处置就是针对工厂企业产生的那些不能利用或产生量少、自身又无法治理的工业固体废物提供安全、妥善的处理处置技术和途径,以有效控制和消除危害。集中处理处置方式可分为四种技术:综合利用技术、焚烧技术、填埋处置技术、堆肥技术。

分散处理处置方式是指有处理处置废物能力的工厂企业,在环保主管部门的监督指导下,因地制宜,根据各自行业的特点,将产生的固体废物在系统内或系统外进行各种处理处置。

三、工业固体废物的处理与处置

工业废物的处理,是指通过物理、化学和生物手段,将废物中对人体或环境有害的物质分解为无害成分或转化为毒性较小的适于运输、贮存、资源化利用和最终处置的一种过程,如废物解毒、对有害成分进行分离和浓缩、对废物进行稳定化/固化处理以减少有害成分的浸出等。常规处理技术主要包括化学处理、物理处理和生物处理。

化学处理:主要用于处理无机废物,如酸、碱、重金属废液、氰化物、乳化油等,处理方法有焚烧、溶剂浸出、化学中和、氧化还原。

物理处理:包括重选、磁选、浮选、拣选、摩擦和弹跳分选等各种相分离及固化技术。其中固化工艺用以处理其他过程产生的残渣物,如飞灰及不适用于焚烧处理或无机处理的废物,特别适用于处理重金属废渣、工业粉尘、有机污泥以及多氯联苯等污染物。

生物处理:如适用于有机废物的堆肥法和厌氧发酵法;提炼铜、铀等金属的细菌冶金法;适用于有机废液的活性污泥法,该法还可用于生物修复被污染的土壤。

工业废物的处置,是指通过焚烧、填埋或其他改变废物的物理、化学、生物特性等方法,达到减少已产生的固体废物数量、缩小固体废物体积、减少或者消除其危险成分的活动,并将其置于与环境相对隔绝的场所,避免其中的有害物质危害人体健康或污染环境的过程。

当前处理和处置固体废物的技术主要有焚烧、堆肥、卫生填埋、回收利用等。这几种处理方法各有优缺点,适用范围也不尽相同,因此根据固体废物的具体特点,选用适宜的处理方法是十分必要的。

四、工业固体废物的资源化利用

近年来,我国在工业固体废物的资源化方面获得了长足发展,如化工碱渣回收技术、磷石膏制硫酸联产水泥技术、煤矸石硬塑和半硬塑挤出成型砖技术、煤矸石和煤泥混烧发电技术、纯烧高炉煤气发电技术等的水平不断提高。总体说来,工业废物的资源化途径主要集中在以下几个方面。

第一,生产建材。其优点是耗渣量大、投资少、见效快,产品质量高,市场前景好;能耗低、节省原材料、不产生二次污染;可生产的产品种类多、性能好,如用作水泥原料与配料、掺合料、缓凝剂、墙体材料、混凝土的混合料与骨料、加气混凝土、砂浆、砌块、装饰材料、保温材料、矿渣棉、轻质骨料、铸石、微晶玻璃等。

第二,回收或利用其中的有用组分,开发新产品,取代某些工业原料。如煤矸石沸腾炉发电,洗矸泥炼焦作工业或民用燃料,钢渣作冶炼熔剂,硫铁矿烧渣炼铁赤泥塑料,开发新型聚合物基、陶瓷基与金属基的废物复合材料,从烟尘和赤泥中提取镍、铳等,能节约原材料、降低能耗、提高经济效益。

第三,筑路、筑坝与回填。其优点是投资少、用量大、技术成熟、易推广。如修筑1 km公路可消耗粉煤灰上万吨,有的地方回填后覆土,还可开辟为耕地、林地或进行住宅建设。

第四,生产农肥和土壤改良。许多工业固体废物中含有较高的硅、钙以及各种微量元素,有些还含磷和其他有用组分,因此改性后,可作为农肥使用。如利用粉煤灰、炉渣、钢渣、黄磷渣和赤泥及铁合金渣等制作硅钙肥、铬渣制造钙镁磷肥等,施于农田均具有较好的肥效,不但可提供农作物所需的营养元素,还有改良土壤的作用,使作物增产。

第二节　矿业固体废物的处理

矿业固体废物包括矿山开采和矿石冶炼生产过程中所产生的废物。其中矿山所产生的固体废物又分为两大类,即废石(包括煤矸石)和尾砂。

一、有色金属矿山尾砂的处理利用

1. 尾砂利用的主要途径

(1)对尾砂中的有价金属进行回收

有色金属矿山尾砂中往往含有多种有价金属。在选矿技术水平落后的条件下,可能有5%～40%的目的组分留在尾砂中。矿石中还有一些重要的伴生组分,当初选矿时就没有进行回收。资料表明,有些稀散元素在某些尾砂中的含量足够开采利用,而以往根本没有发现或者没有先进的选矿技术。综合开发利用尾砂,首先应考虑对这些有价组分的回收,以防止资源的再次损失。

(2)用尾砂回填矿山采空区

尾砂粒度细而均匀,用作矿山地下采空场的充填料具有输送方便、无需加工、易于胶结等优点。尾砂回填后可以大大减少占地。

（3）利用尾砂生产高附加值的产品

利用尾砂进行深加工，可以制造具有各种功能的材料、复合材料、玻璃制品等。根据尾砂的化学成分、矿物成分及粒度特征，还可以制造微晶玻璃、玻化砖、美术陶瓷、建筑陶瓷、铸石及水泥等，使之附加值大幅度提高。

（4）在尾砂堆积场上覆土造地

尾砂占地面积大，但目前又因多种原因暂时不能综合开发利用，而覆土造田是较好的方法之一，既可以保护尾砂资源，又可以治荒还田，减少因占地而带来的损失，尾砂还可用作矿物肥料或土壤改良剂。

（5）用尾砂制作微肥

尾砂中含有某些植物所需的微量元素时，将尾砂直接加工即可以用作微肥使用，或用作土壤改良剂。如尾砂中的钾、磷、锰、锌、钼等组分，常常可能是植物的微量营养组分。根据尾砂的主要成分特征，还可直接用于特定的环境改良土壤。

2. 开发利用尾砂的注意事项

尾砂中的有价组分一定要进行充分回收，经再选后余下的有价金属含量应该是当前选矿技术无法回收的允许限值，并预计未来 15 年内也难以解决其回收问题。

尾砂用作建筑材料、日用产品以及和人类环境有关的各种产品时，不得含有放射性元素或放射性含量必须低于环境标准。

必须根据尾砂的成分和特征来决定尾砂的用途，而不可根据需要来利用尾砂，应尽量减少不必要的投入和浪费。

利用尾砂，必须首先对其中的选矿药剂和油类物质进行适当的处理，防止它们对新产品质量可能造成的影响。

3. 尾砂利用的若干实例

（1）生产微玻岩

微玻岩即微晶玻璃（花岗岩），是近似 $CaO-Al_2O_3-SiO_2$ 系统的玻璃经微晶化工艺处理的含硅灰石微晶或近似 $MgO-Al_2O_3-SiO_2$ 系统的玻璃经热处理后含镁橄榄石微晶的新型高级建筑材料，在国内被誉为 21 世纪建筑材料。在日本、西欧、美国和东南亚等地区已被用于大型建筑，效果优异。

利用选矿尾砂生产微玻岩是尾砂资源开发利用的重要途径，目前国内已有厂家正式投产,并取得了较好的经济效益和社会效益。

微玻岩的生产工艺过程随产品种类不同而有所差别,但各种工艺流程可以归纳为如下两类。

成型玻璃晶化法:这种方法是利用含晶核剂的成型玻璃进行微晶化处理而获得微玻岩的。其生产工艺的关键是要掌握好损坏温度、核化时间、晶化温度和晶化时间以及核化和晶化过程的升温速率。

碎粒烧结法:这种生产工艺与成型玻璃晶化法略有差异,即熔融玻璃后不成型而先进行水淬处理,然后将玻璃渣烧结得到微玻岩,这种工艺被称为水淬法或碎渣烧结法。水淬法一般不加入晶核剂,而是利用玻璃碎渣的表面、顶角、杂质等不均匀处作为结晶中心而诱导析晶。这种工艺比较简单,粗残余玻璃多,一般含有比较多的气孔。

(2)用尾砂烧制陶瓷制品

日本某企业利用足尾选厂排出的尾砂作为陶瓷的原料烧制陶管、陶瓦、熔铸陶瓷、耐酸耐火质器材等。尾砂生产陶瓷制品是用隧道窑连续烧制的,用这种尾砂的产品用于做下水道用的厚陶管。用尾砂生产水泥,某矿用尾砂做配料烧制普通硅酸盐水泥,水泥标号可达500,部分用于井下采空区回填时作为胶结水泥。

二、煤矸石的处理利用

1. 煤矸石的处理

煤矸石是由有机物(含碳物)和无机物(岩石物质)组成的混合物。前者可燃烧,但含量少;后者不能燃烧,且含量多。煤矸石主要由高岭土、石英、蒙脱石、长石、伊利石、石灰石、硫化铁、氧化铝、氧化物组成。煤矸石中金属组分含量偏低,一般不具有回收价值,但也有回收稀土元素的实例。

根据煤矸石的组成特点和各种环境条件的限制,对它的处理方法一般首先考虑综合利用,对难以综合利用的某些煤矸石可充填矿井、荒山沟谷和塌陷区或覆土造田;暂时无条件利用的煤矸石山可进行覆土植树造林。

2. 煤矸石的利用途径

因为煤矸石含有可燃物质和一些稳定的无机组分,因此可以因地制宜地充分利用煤矸石。含碳量较高的煤矸石可做燃料;含碳量较低的和自燃后的煤矸石可生产水泥、砖瓦和轻骨料;含碳量很少的煤矸石可用于填坑造地、回填露天矿和用作路基材料。

（1）煤矸石代替燃料

煤矸石含有一定数量的固定碳和挥发分，一般烧失量在2%～17%，发热量可达4 186.8～12 560.4 kJ/kg。当可燃组分较高时，煤矸石可用来代替燃料。如铸造时，可用焦炭和煤矸石的混合物作为燃料来化铁。近年来，煤矸石被用于代替燃料的比例相当大，一些矿山的煤矸石山甚至消失。

（2）煤矸石生产水泥

煤矸石中二氧化硅、氧化铝及氧化铁的总含量一般在80%以上，它是一种天然黏土质原料，可代替黏土配料烧制普通硅酸盐水泥、快硬硅酸盐水泥、煤矸石炉渣水泥等。

（3）煤矸石生产砖、瓦

煤矸石经过配料、粉碎、成型、干燥和焙烧等工序后可制成砖和瓦。除煤矸石必须破碎外，其他工艺与普通黏土瓦的生产工艺基本相同。有企业用煤矸石生产矸石砖、空心砖、矸石水泥瓦、陶粒、水泥等产品，使煤矸石的处理利用率达87%以上，经济效益十分明显。利用煤矸石可生产煤矸石半内燃砖、微孔吸声砖和煤矸石瓦。

（4）煤矸石筑路和做填充材料

煤矸石是很好的筑路材料，具有很好的抗风侵袭性能。目前国内使用煤矸石做筑路材料的不多，有待进一步开发。煤矸石作为塌陷区复地的填充材料，已经取得了很好的经济效应和社会效应，这种途径消耗渣量大，是解决煤矸石占地问题的有效途径。

（5）利用煤矸石生产空心砌块

煤矸石空心砌块是以煤矸石无熟料水泥作胶结料、自然煤矸石作粗细骨料、加水搅拌配制成半干硬性混凝土，经振动成型，再经蒸汽养护而成的一种新型墙体材料。其规格可根据各地建筑特点选用。生产煤矸石空心砌块具有耗量大、经济实用等优点，可以大量减少煤矸石的占地。

（6）煤矸石利用的新方向

煤矸石虽然已经得到了广泛的应用，但利用量与其产量相比还远远不够。除上述应用途径之外，还应该探索其新的利用途径。将煤矸石作混凝土掺和料使用就具有良好的应用前景，因为煤矸石具有较高的活性；煤矸石水泥具有较好的抗冻、抗炭化、抗硫酸盐侵蚀和护筋功能；煤矸石水泥发生碱集料反应的可能性小于硅酸盐水泥混凝土。要将煤矸石全面推广作为混凝土掺和料使用，还有待于进一步的研究。

第三节　冶金工业固体废物的处理

随着我国经济的迅速发展，冶金工业发展迅猛，冶金工业的各种固体废物的产生量也相应增加。冶金工业固体废物的合理处置与综合利用的意义重大、影响范围广。高炉渣是冶金工业中数量最多的一种废渣，钢渣在冶金工业废物中仅次于高炉渣。

一、高炉渣的处理与利用

1. 高炉渣的加工处理

(1)高炉渣水淬处理工艺

高炉渣水淬处理工艺是将热熔状态的高炉渣置于水中急冷的处理方法，是我国处理高炉渣的主要方法，目前普遍采用的水淬方法是池式水淬和炉前水淬两种。

池式水淬。用机车将熔渣罐拉到水池旁，砸碎表层渣壳，将熔渣缓慢倾倒入水池中，遇水后急剧冷却成粒状水渣。水淬后用吊车抓出水渣放置堆场装车外运，此方法的优点是工艺简单可靠、设备损耗少、节约用水，其主要缺点是投资大，易产生大量渣棉和硫化氢气体污染环境。

炉前水淬。炉前水淬是在炉前设置一定坡度的冲渣槽，利用高压水使高炉渣在炉前冲渣槽内淬冷成粒并输送到沉渣池形成水渣。水渣经抓斗抓出，堆放脱水后外运。根据过滤方式的不同，可分为炉前渣池式、水力输送式、搅拌槽泵送式(见图7-2)、脱水仓式、旋转滚筒式等。这种方法的优点是操作简单、节省设备、投资少、经营费用低，有利于高炉及时放渣；缺点是冲渣水未实行闭路循环，水耗电耗高，易造成水体污染。

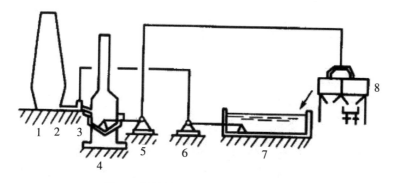

图7-2 搅拌槽泵送式水淬工艺示意图

1—高炉；2—渣沟；3—粒化器；4—搅拌槽；5—砂泵；6—水泵；7—集水池；8—脱水槽

（2）膨胀矿渣和膨胀矿渣珠生产工艺

膨胀矿渣是用适量冷却水急冷高炉熔渣而形成的一种多孔轻质矿渣。其生产方法目前主要有喷射法、喷雾器堑沟法、滚筒法等。

欧、美一些国家使用的是喷射法。该法一般是在熔渣倒向坑内的同时，坑边有水喷出，强烈的水平水流进入熔渣，使渣急冷增加黏度，形成多孔状的膨胀矿渣。喷出的冷却剂一般是水或水和空气的混合物，压力一般为0.6～0.7 MPa。

喷雾器堑沟法的工艺类似于喷射法。喷雾器设于沟的上边缘，放渣时，由喷雾器向渣流喷入压力为0.5～0.6 MPa的水流，水流充分击碎渣流，使熔渣受冷增加黏度，渣中的气体及部分水蒸气固定下来，形成多孔的膨胀矿渣。

滚筒法是我国常用的一种方法。此法工艺设备简单，主要由接渣槽、溜槽、喷水管和滚筒所组成。溜槽下面设有喷嘴，当热熔渣流过溜槽时，受到从喷嘴喷出的0.6 MPa压力的水流冲击，水与熔渣混合一起流至滚筒上并立即被滚筒甩出，落入坑内，熔渣在冷却过程中放出气体，产生膨胀。

20世纪70年代以来发展起来的膨胀矿渣珠（简称膨珠）的生产工艺正在国内外推行，其工艺示意见图7-3。膨珠的生产工艺过程是热熔矿渣进入溜槽后经喷水急冷，又经高速旋转的滚筒击碎、抛甩并继续冷却，在这一过程中熔渣自行膨胀，并冷却成珠。这种膨珠具有多孔、质轻、表面光滑的特点。其生产用水量少，释放硫化氢较少，环境污染小。膨珠不用破碎可直接用作轻混凝土骨料，也可用作防火隔热材料。

图7-3 膨珠生产工艺示意

1—渣罐；2—投渣槽；3—流槽；4—水管；5—滚筒；6—膨珠

（3）矿渣碎石工艺

矿渣碎石使高炉渣在指定的渣坑或渣场自然冷却或淋水冷却形成较为致密的矿渣后，经挖掘、破碎、磁选和筛分加工成一种碎石材料。矿渣碎石的生产工艺有热泼法和堤式法两种。

热泼法是将熔渣分层浇泼于坑内或渣场上，然后喷洒适量水使热渣冷却和破裂，达到一定厚度后，用挖掘机等进行采掘，之后车载到处理车间进行破碎、磁选、筛分加工，并将产品分级出售。该方法生产工艺简单，但有许多不足。目前国外多采用薄层多层热泼法，该方法每次排放的渣层厚度为 4 ~ 7 cm、6 ~ 10 cm 和 7 ~ 12 cm。

堤式法是用渣罐车将热熔矿渣运至堆渣场，沿铁路路堤两侧分层倾倒，待形成渣山后，再进行开采，即可制成各种粒级的重矿渣。堤式法实际上是一种开采渣山的方法。

2. 高炉渣的综合利用

（1）水渣用于制造建材

由于水渣具有潜在的水硬胶凝性能，在水泥熟料、石灰、石膏等激发剂的作用下，可显示出水硬胶凝性能，是优质的水泥原料。我国高炉渣主要用于生产水泥和混凝土，使用水渣制作的建材主要有以下几种：①矿渣硅酸盐水泥；②石灰矿渣水泥；③石膏矿渣水泥。

（2）矿渣碎石的利用

矿渣碎石的稳定性、坚固性、撞击强度以及耐磨性、韧度均能满足工程要求。矿渣碎石用途广、用量大,在我国主要用于公路、机场、地基工程、铁路道渣、混凝土骨料和沥青路面等。

（3）膨珠用作轻骨料

膨珠生产工艺制取的膨珠质轻、面光、自然级配好、吸音、隔热性能好,可以制作内墙板楼板等,也可用于承重结构和防火隔热材料。用其作为混凝土骨料可节约20%左右的水泥。我国采用膨珠配制的轻质混凝土密度为1 400～2 020 kg/m³,比普通混凝土轻1/4左右,且具有良好的物理力学性质。

（4）高炉渣的其他应用

高炉渣还可以用来生产一些用量不大,而产品价值高,又有特殊性能的高炉渣产品,如矿渣棉及其制品、热铸矿渣、矿渣铸石及微晶玻璃、硅钨渣肥等。

二、钢渣的处理利用

1. 钢渣的处理工艺

若对钢渣进行综合利用,钢渣的处理是必不可少的先决条件。完整的钢渣处理工艺包括钢渣预处理、加工、陈化和精加工4个部分。

（1）钢渣预处理

钢渣的预处理是指将炼钢炉所排出的熔渣处理成小于300 mm的常温块体。目前常用的方法有冷弃法、盘泼水冷法、热泼法、钢渣水淬法等几种方法。

冷弃法是将钢渣倒入渣罐,缓慢冷却后直接运到渣场抛弃,过去我国钢铁厂的排渣方法以此种工艺为多。这种工艺投资大,设备多,不利于钢渣加工及合理利用,有时因排渣不畅而影响炼钢。现在新建炼钢厂不宜采用此种工艺。

盘泼水冷法是在钢渣车间设置高架泼渣盘,用吊车将渣罐内熔渣泼在渣盘内,渣层厚一般为30～120 mm,然后喷淋适量的水使钢渣急冷碎裂。接着用吊车把渣盘翻倒,将碎渣倒在运渣车上,驱车至池边喷水降温后将渣倒入水池内,进行降温冷却,使渣粉碎至粒度为5～100 mm,最后用抓斗抓出装车,送至钢渣处理车间,进行磁选、破碎、筛分、精加工。该方法操作安全可靠,操作环境好,污染小,钢渣加工量少,经遴选后的钢渣金属铁的含量低,而且稳定性和活性均较好,但该方法生产环节多,生产成本高。

热泼法是将炼钢渣倒入渣罐后,经车辆运到钢渣热泼车间,用吊车将渣罐的熔渣分层倒在坡度为3%～5%的渣床上,经空气冷却,温度降至350～400℃时再喷淋适量的水,使高温炉渣急冷碎裂并加速冷却,然后用装载机、电铲等设备进行挖掘装车,再运至弃渣场。需加工利用的钢渣,再运至钢渣处理车间进行破碎、筛分、磁选等工艺处理。热泼法的冷却效果和钢渣稳定性均不如盘泼水冷法。

钢渣水淬法。由于钢渣比高炉渣的碱度高、黏度大,其水淬难度也大。我国是水淬工艺投入工业生产使用的主要国家。我国在平炉、电炉上都有较为成熟的水淬工艺,转炉钢渣水淬也已形成了生产线。水淬工艺原理是指高温液态钢渣在流出、下降过程中,被压力水分割、击碎,再加上高温熔渣遇水急冷收缩产生应力集中而破裂,同时进行了热交换,使钢渣在水幕中进行粒化。水淬钢渣因急冷,含有较多内能,属于高温介稳状态。其过程抑制了硅酸二钙($2CaO \cdot SiO_2$)晶型转变及硅酸三钙($3CaO \cdot SiO_2$)的分解,性能稳定,产品质量好,为综合利用提供了非常方便的条件。钢渣水淬工艺的优点是流程简单、占地少、排渣速度快、运输方便。这对改革炼钢工艺及其区域布置,提高炼钢生产能力、减少基建投资和降低生产成本都是有利的。

(2)钢渣加工、陈化和精加工

钢渣加工是将预处理后的钢渣再破碎、遴选、筛分,选出渣钢后分级成符合要求的规格渣。分选出的钢渣可进行精加工,也可直接按照不同的规格供烧结、高炉转炉或平炉使用。规格渣除用作钢铁冶炼熔剂外,作为建工、建材材料还需要事先进行陈化处理。钢渣加工主要有机械破碎和自磨破碎两种工艺,利用不同规格、类型的破碎机械或自磨机加工得到一定粒度的钢渣,并分选出钢渣供后续使用。

钢渣精加工的目的是使其含铁量提高到90%以上,可以直接作为废钢进入电炉冶炼,从而提高钢厂炼钢收得率。

2. 钢渣的综合利用

(1)钢渣用作冶金原料

钢渣用作烧结熔剂。转炉钢渣一般含40%~50%的CaO,1 t钢渣相当于0.7~0.75 t石灰石。把钢渣加工到小于8 mm的钢渣粉,便可代替部分石灰石做烧结熔剂用。

钢渣用作高炉熔剂。钢渣中含有10%~30%的Fe、40%~60%的CaO和2%左右的Mn,若利用加工分选出的10~40 mm粒径的钢渣返回高炉作熔剂,不仅可以回收钢渣中的Fe,而且可以把CaO、MgO等作为助熔剂,从而节省大量石灰石、白云石资源。

回收废钢铁。钢渣中一般含有7%～10%的废钢粒及大块钢渣。钢渣经破碎、遴选和精加工后可回收其中90%以上的废钢,既可提高钢铁冶金的利用率和收得率,也为后续的钢渣利用提供了条件。

(2)钢渣用作建筑材料

钢渣用作筑路与回填材料。钢渣碎石具有密度大、强度高、表面粗糙不易滑移、抗压强度高、稳定性好、耐磨与耐久性好、抗腐蚀、与沥青结合牢固的特点,因而被广泛用于各种路基材料、工程回填、修砌加固堤坝、填海工程等方面。

钢渣用于生产水泥。如果熔融钢渣的碱度及其各种氧化物之间的分子配比和冷却速度合理,常温下与水作用的硅酸三钙、硅酸二钙及铁铝酸盐等活性矿物质能产生一定的强度,因此钢渣可成为生产无熟料或少熟料水泥的原料,也可作为水泥掺和料。

(3)钢渣用作农肥和酸性土壤改良剂

钢渣是一种以Ca、Si为主并含有P、Mg多种养分的具有速效又有后劲的复合矿质肥料,由于钢渣在冶炼过程中经高温低烧,其溶解度已大大改变,所含各种主要成分易溶量达全量的1/3～1/2,有的甚至更高,容易被植物吸收。除了用作农肥外,钢渣还可用作酸性土壤改良剂。含Ca、Mg高的钢渣细磨后可用作土壤改良剂,同时也可达到利用钢渣中的P、Si等有益元素的目的。

第四节　化工固体废物的处理

化学工业的生产行业多,产品种类庞杂,其产生的固体废物种类也繁多,成分复杂,治理方法和综合利用的工艺技术极为繁多。

一、化学石膏的处理和综合利用

1. 化学石膏的概述

化学石膏是指以硫酸钙为主要成分的一种工业废渣。由磷矿石与硫酸反应制造磷酸所得到的硫酸钙被称为磷石膏;由萤石与硫酸反应制氟化氢得到的硫酸钙被称为氟石膏;生产二氧化钛和苏打时所得到的硫酸钙分别被称为钛石膏和苏打石膏。其中,以磷石膏产量最大,每生产1吨磷酸约排出5 t磷石膏,据《中国建材报》2021年的报道显示,目前我国磷石膏堆存量约6亿t,年产生量达7 500万t,年使用量却仅为3 100万t,综合利用率较低。此外,由于资源丰富,近年来我国的氟化氢生产迅猛增长,2018年合计产能201.1万t,按每吨氟化氢排出氟石膏3.4 t计算,我国年排出氟石膏达683.74万t。目前绝大部分未被利用,占用大量土地而露天堆放,已成为严重污染环境的工业废渣。

2. 磷石膏的处理利用

磷石膏的主要成分是二水硫酸钙,含有20%左右的水分,其次是少量未分解的磷矿以及未洗涤干净的磷酸、氟化物等多种杂质,在利用前通常要经过适当的处理。因为硫酸钙的溶解度小且不易分离,长期以来人们从各个方面探索磷石膏有效利用的途径。

(1)磷石膏制水泥缓凝剂

水泥生产中要使用大量的石膏作为推迟凝固时间的缓凝剂,同已作为缓凝剂使用的天然石膏相比较,磷石膏一般呈酸性,还含有水溶性五氧化二磷和氟,一般不能直接作水泥缓凝剂利用,需要经过预处理去除杂质,或经过改性处理。

(2)磷石膏制石膏建材

磷石膏成分以二水硫酸钙为主,其含量为70%左右。磷石膏中的二水硫酸钙必须转变成半水硫酸钙方可用作石膏建材。半水石膏分a和b两种晶型。前者称为高强石膏,后者称为熟石膏。a型是结晶较完整与分散度较低的粗晶体,b型是结晶度较差与分散度较大的片状微粒晶体。b型水化速度快、水化热高、需水量大,硬化体的强度低,a型则与之相反。

由磷石膏制取半水石膏的工艺流程大体上分为两类:一类是利用高压釜法将二水石膏转换成半水石膏(a型),另一类是利用烘烤法使二水石膏脱水成半水石膏(b型)。经测算生产单位产量a型半水石膏的能耗仅为生产b型半水石膏的1/4,而a型半水石膏的强度是b半水石膏的4倍。我国生产磷酸以二水法工艺为主,所生产的磷石膏杂质含量高,生产a型半水石膏较为合适。

(3)磷石膏制硫酸联产水泥

用磷石膏制造硫酸,对于缺乏硫资源的国家来说意义重大。将磷酸装置排出的二水石膏转化为无水石膏,再将无水石膏经过高温煅烧,使之分解为二氧化硫和氧化钙。二氧化硫被氧化为三氧化硫而制成硫酸,氧化钙配以其他熟料制成水泥。

(4)磷石膏制土壤改良剂

磷石膏呈酸性,pH值为1~4.5,可以代替石膏改良碱土、花碱土和盐土,改良土壤理化性状及微生物活动条件,提高土壤肥力。磷石膏中含有作物生长所需的磷、硫、钙、硅、锌、镁、铁等养分。它们除了在作物代谢生理中发挥各自的功能外,又由于交互作用而促进了彼此的效应。磷石膏中硫和钙离子可供作物吸收,且石膏中的硫是速效的,对缺硫土壤有明显的作用。具有高浓度可溶盐与相当碱性物质的土壤通常因胶质黏土颗粒的分散,导致不良的疏水性。对碳酸盐含量高的钠质土施加磷石膏,其中钙离子将与土壤中的钠离子置换,生成硫酸钠随灌溉水排走,从而降低土壤碱度并改善了土壤的渗透性。土壤pH值的降低还有利于作物吸收土壤中的磷素及其他微量元素如铁、锌、镁等。

(5)用磷石膏制硫酸铵和碳酸钙

磷石膏制硫酸铵和碳酸钙,是利用碳酸钙在氨溶液中的溶解度比硫酸钙小很多,硫酸钙很容易转化为碳酸钙沉淀,溶液转化为硫酸铵溶液的原理。碳酸钙是制造水泥的原料,硫酸铵是肥效较好的化肥。

用磷石膏生产硫酸铵有两种基本工艺,其原理相同,仅反应器及原料略有不同。一种是将磷石膏洗涤过滤去掉杂质后与氨及二氧化碳的混合气反应,另一种是与碳酸铵的复分解反应法。

3. 氟石膏的处理利用

(1)干法石膏的综合利用

干法石膏为干燥粉粒状固体,其中0.147 mm以下的细粉占30%~40%,便于粉磨、运输,且残酸量少,便于中和处理,因此宜开发以粉刷石膏、石膏墙体胶结腻子为主的建材产品。干法石膏经粉磨,添加激发剂、增塑剂、保水剂等外加剂进行强制混合,即为粉刷石膏。这种粉刷石膏外加剂掺量少、成本低、黏结性好,适宜于各种基底的墙体,具有微膨胀性,甚至在未加任何处理的陶粒混凝土砌块墙面上也未出现微裂纹,凝结时间可以根据施工要求进行调整,与传统粉刷材料施工工艺无差别。

（2）湿法石膏的综合利用

湿法石膏呈泥浆状，便于直接添加外加剂，可以成型生产石膏空心砌块和石膏空心条板等新型墙材。根据情况，可采用以下两种工艺：①现场利用。直接将湿法石膏经过滤成型生产新型墙材。②远距离输送。用管道将浆化好的湿法石膏输送至新型墙材用量大的地区进行墙材生产，可节省大量的运输费用，减少成品的损坏。

（3）堆场石膏的综合利用

堆场石膏除作水泥添加剂及生产建筑石膏外，还有一种用量大的新途径——生产纸面石膏板。如年产600万 m^2 的纸面石膏板生产线需建筑石膏约5.5万t，可利用堆场石膏约8万t。

二、废催化剂的处理和回收

废催化剂中含有稀贵金属，因此可作为宝贵的二次资源加以利用。但由于催化剂的种类繁多，其回收利用技术应根据不同催化剂的特点加以设计。

1. 从废催化剂中回收金属铂

以铂或铂族元素为活性成分的催化剂大多用于化工生产和石油炼制，以及用于环境保护来处理汽车尾气。铂催化剂在化工生产中主要用于硝酸的生产，在石油炼制中，催化重整和异构化过程也要用到铂催化剂，随着我国石油工业的发展以及原油重质化造成催化剂寿命缩短，废铂催化剂数量逐年增加。

从废铂催化剂中回收铂，可以采用酸碱法，主要是锌粉置换法和氯化铵法。锌粉置换法即采用锌粉将铂从溶液中以铂粉的形式置换出来。氯化铵法是用 NH_4Cl 将铂以 $(NH_4)_2PtCl_6$ 的形式结晶，在加热至800～900℃时制成铂粉。这两种工艺比较成熟，回收率可达到80%左右，但是成本高，铂粉纯度不理想。此外还可采用甲酸沉淀法，回收率可达到99.6%，铂纯度达到99.9%。酸碱法成本较高，不适宜处理铂含量不高的重整和异构化催化剂，而且酸碱的大量使用，又造成了二次污染。

以亚砜为萃取剂的溶剂萃取法从废重整催化剂中回收铂，在一定程度上可避免二次污染，技术指标较好，其工艺过程是将废催化剂烧除碳后，用盐酸、氯酸钠三次浸出铂，然后以40%的亚砜为萃取剂，经过四级萃取、二级酸洗、四级反萃，最终反萃液经水解去除杂质，用水合肼还原制取铂粉，回收率为97%，铂粉纯度达到99.9%。

2. 从废催化剂中回收金属镍

镍作为催化剂的活性组分主要应用于加氢过程,如石油馏分的加氢精制、油脂加氢等。

镍在催化剂中以Ni和NiO两种形式存在,一般使用前要预硫化,所以镍在废催化剂中的存在形式比较复杂。回收镍一般要先在高温下将镍氧化成氧化镍。由于含镍催化剂大多含有双金属或多金属,需要针对具体情况采用适宜的工艺将镍与其他金属分开。

油脂加氢催化剂浸出液含有Cu^{2+}和Ni^{2+}两种离子,可采用皂化程度不同的脂肪酸将其分离;加氢精制催化剂中的镍、钨或钼、钨,可根据钼和钨的两性性质先将钼、钨浸出,然后再浸出镍,最终达到金属分离。

3. 从废催化剂中回收金属钒

钒催化剂主要用于硫酸生产中,在以硅藻土为载体的五氧化二钒(V_2O_5)催化剂的作用下,二氧化硫转化为三氧化硫,最终生成硫酸。硫酸本身是基本的化工产品,因此该种废催化剂数量较大。

废钒催化剂中的钒含量一般为5%,主要以V_2O_5和$VOSO_4$的形式存在,其中$VOSO_4$所占比例可达到40%~60%,并且不易被碱性物质浸取。国内过去多采用酸溶法和还原氧化法处理废钒催化剂,但是这些方法存在着产品产率低、纯度低,生产过程中过滤困难、设备腐蚀严重等问题。近年来开发应用的高温活化法新工艺较传统方法有所改进。该工艺通过高温活化使得低价钒向高价钒转化,并使其中的有害物质砷升华,提高了回收率。

4. 从废催化剂中回收金属钴

以钴为活性组分的催化剂用途很广。在石油工业中,用于脱除有机硫的481-3、FDS-4A等催化剂中均含有钴。在化肥工业中,T_{201}加氢精制催化剂和近年开发的耐硫CO低温变换催化剂均以钴为活性组分,其中后者的使用量十分可观。此外,苯胺催化合成环己胺工艺采用的催化剂主要成分也是钴,而且含量很高。

从废钴催化剂中回收钴的工艺过程为:先将废钴催化剂在H_2或CO气氛中在700~900℃下焙烧1~3小时,还原钴的化合物,然后用H_2SO_4、HNO_3、HCl、$(NH_4)_2CO_3$或$(NH_4)_2SO_4$溶液溶出钴,将料液pH值调至3~3.5,得到氢氧化钴沉淀,再制取氧化钴或钴盐。该工艺对于Co和Al、Ti的分离有很高的选择性,钴的浸出率高于97%。

5. 从废催化剂中回收金属钨

钨催化剂广泛应用于汽油、柴油、凡士林、石蜡、润滑油等的加氢脱硫过程中,数量十分可观,使用失效后即为废钨催化剂。

在废催化剂中,钨通常以硫化物形式存在,因此在回收过程中首先要将其焙烧成氧化物,然后再采用与钨的湿法冶炼相似的技术将其回收。

该工艺是将废钨催化剂在 $500 \sim 600 ℃$ 下焙烧 $2 \sim 3$ 小时,硫化钨转化为氧化钨后用浓度为 $110 \ g/L$ 的 Na_2CO_3 溶液浸取,其中钨以钨酸钠的形式浸出,载体氧化铝等也一起被浸出;然后,用季铵盐7402在碱性条件下对钨酸钠进行有选择性的络合萃取,在萃取前需将钨酸钠氧化成过钨酸钠以提高萃取率;对萃取分离出的有机相用 NH_4Cl、NH_4OH、助剂进行反萃取,再将有机相和无机相分离,有机相返回循环使用;在无机相中添加有机酸使偏钨酸铵沉淀析出。该工艺钨的回收率可达90%,只需一级萃取。当溶液中含有硅时,不需去除,可直接进行萃取。此工艺的缺点是萃取剂的萃取容量较小。

6. 从废催化剂中回收金属钯

钯是一系列化学工艺过程催化剂的活性组分,如用于粗对苯二甲酸加氢精制过程的钯–炭催化剂、用于净化汽车尾气的催化剂及近年来开发的羰基合成法制苯乙酸用的催化剂,都以钯为活性组分。

废钯催化剂的载体通常为氧化铝、硅胶、铝代硅酸盐、活性炭、石墨、软锰矿等。其中以氧化铝和活性炭为载体的废催化剂,由于产生量较大,回收利用研究较多。

以氧化铝为载体的废钯催化剂中钯的回收方法有两类:一类是溶解载体氧化铝回收钯的方法,它包括各种硫酸法和碱法;另一类是不溶解载体回收钯的方法,主要为各种氯化冶金法,由于氧化铝与氯气不反应,因此该法不会损及载体。

在废钯–炭催化剂中,钯的质量分数一般在0.4%以下,活性炭质量分数在99%以上,此外还含有少量有机物、铁及其他金属杂质。从该废催化剂中回收钯,一般是先用焚烧灰化的方法去除炭和有机物,然后再对烧渣(钯渣)进行化学加工,制备钯的化合物。该流程具有操作简便、成本较低的特点,钯回收率可达99.0%以上。

第五节 医疗固体废物的处理

一、医疗废物处理处置技术的选择

医疗废物集中处置设施在以地级城市为单位进行建设的基础上,鼓励交通发达、城镇密集地区的城市联合建设、共用医疗废物集中处置设施;同时,危险废物设施和医疗废物设施应统筹建设,危险废物集中处置设施要一并处理所在城市产生的医疗废物。

医疗废物具有感染性与传染性、细胞毒性、放射性危害等多种特点,医疗废物从产生源到最终处置应在全封闭的状态下进行,并实施对人和环境的隔离,对医疗废物从产生、分类收集、警示标记、密闭包装与运输、储存、无害化处置的整个流程实施全过程管理。即从"摇篮到坟墓"的各个环节实行全过程严格管理和控制。

就一个城市而言,医疗废物污染防治总体工艺技术选择如图7-4所示。

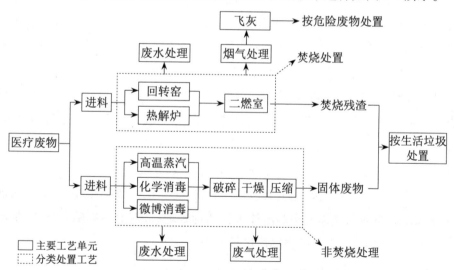

图7-4 医疗废物处理处置工艺最佳可行技术组合

二、医疗废物处理处置技术

1. 医疗废物高温蒸汽处理污染控制技术

典型的高温蒸汽处理工艺流程如图7-5所示。其流程为:蒸汽处理设备预热→装载医疗废物→处理设备内腔抽真空→通入蒸汽处理→废气排出和干燥废物→卸载医疗废物→机械处理(破碎或压缩)。

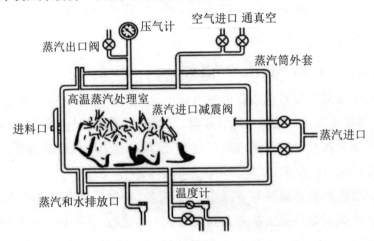

图7-5 高温蒸汽处理工艺典型流程图

高温蒸汽处理包括蒸汽灭菌和破碎毁形,辅助工艺流程包括进料、脉动真空、干燥、压缩、废气和废液处理等环节。利用高温蒸汽杀灭医疗废物中的致病微生物,是医疗废物高温蒸汽处理过程的主要环节。出于对医疗废物管理的考虑,避免医疗废物被非法利用和回收,一般要求必须进行毁形处理,同时毁形后的医疗废物在感官上也有一定的改观。为减少高温蒸汽处理后废物外运的成本,通常还要辅以压缩措施。高温蒸汽处理系统的核心设备是高温蒸汽处理设备,包括预真空处理设备、机械破碎处理设备等。主要工艺流程类型有:①真空/蒸汽处理/压缩;②蒸汽消毒—混合—破碎/干燥;③破碎/蒸汽处理—混合/干燥/化学处理;④破碎—蒸汽处理—混合/干燥;⑤蒸汽处理—混合—破碎/干燥;⑥预破碎/蒸汽处理—混合;⑦破碎/蒸汽处理—混合—压缩。

针对废气和废液的处理主要包括两方面:①对医疗废物在加热、加湿之前部分未处理的抽出气体和渗漏液体进行消毒处理;②对有可能随着加热、加湿过程析出的VOCs和重金属类物质进行处理。

2. 医疗废物化学处理污染控制技术

医疗废物化学消毒处置系统设备一般包括进料单元、破碎单元、药剂供给单元、化学消毒处理单元、出料单元、自动控制单元、废气处理单元,废液处理单元及其他辅助设备。化学消毒典型工艺流程如图7-6所示。

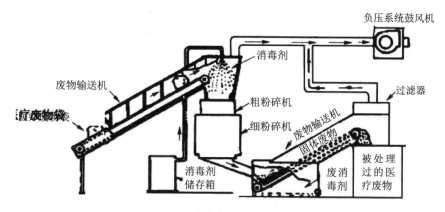

图7-6　化学消毒典型工艺流程图

化学消毒剂对微生物灭活的效率与接触时间、温度、化学消毒剂浓度、pH值(酸碱性环境)、杀灭的微生物的数量和类型等有关。化学消毒剂灭活效果必须保证化学消毒剂与医疗废物消毒表面有足够的反应接触时间。当杀灭细菌芽孢时反应的接触时间和温度都应有所增加,一般需要一至几个小时,通常情况下消毒的效果会随着温度的升高而增加。因此,为保证消毒效果,必须保证充分的接触反应时间和反应温度。

对干式化学消毒而言,一般具有以下优点:工艺设备和操作简单;一次性投资少,运行费用低;废物的减容率高;场地选择方便,可以移动处理;运行简单方便,运行系统可以随时关停,不会产生废液或废水及废气排放,对环境污染很小等。但对破碎系统要求较高;对操作过程条件监测(自动化水平)要求很高。对湿式化学消毒法而言,一般具有以下优点:一次性投资少,运行费用低;工艺设备和操作简单等。但处理过程会有废液和废气生成,大多数消毒液对人体有害,对操作人员要求高。因此,一方面要选择合适的化学消毒剂,另一方面必须做好安全防护工作。

3. 医疗废物微波处理污染控制技术

用于消毒的微波频率一般为$(2\,450 \pm 50)$MHz与(915 ± 25)MHz两种。微波在介质中通过时被介质吸收而产生热,该类介质被称为微波的吸收介质,水是微波的强吸收介质之一。当微波能在介质中通过且不易被介质吸收时,该类介质为微波的良导体,在这种介质中产生的热效应很低。热能的产生是通过物质分子以每秒几十亿次振动、摩擦而产生热量,从而达到高热消毒的作用;同时微波还具有电磁场效应、量子效应、超电导作用等,影响微生物生长与代谢。一般含水的物质对微波有明显的吸收作用,升温迅速,消毒效果好。

医疗废物微波处理工艺的主要环节包括:①将废物装入进料设备,传送至破碎单元;②开启破碎设备,将废物粉碎成碎片;③将破碎后的废物转移到已配备微波发生器的反应室,注入蒸汽,充分搅拌;④开启微波发生源,对废物进行照射,完成消毒过程。同时对整个处理过程产生的废气、废液(几乎没有)进行收集、处理;⑤将废物送至专用容器内进行压缩(若微波处理厂与最终处置场所距离较近,可省略此步骤);⑥将压缩后的废物送去最终处置(填埋、焚烧等)。医疗废物微波消毒处理典型工艺如图7-7所示。

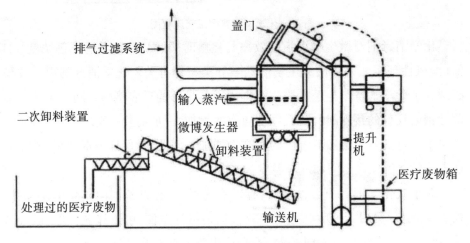

图7-7 微波消毒处理典型工艺流程图

第八章 危险废物处理处置与资源化利用

第一节 危险废物处理处置技术

一、危险废物处理处置技术的概述

危险废物处理处置技术可分为处理技术和处置技术,在危险废物最终处置之前,可以用多种不同的处理技术进行处理。①按处理处置的废物类型进行分类,如危险废物处理处置技术和其他特种危险废物处理处置技术等。②处理技术的类型可谓多种多样,技术原理各有不同,如物理处理技术可分为压实、破碎、分选等;化学处理技术可分为还原、氧化、中和、沉淀等;焚烧技术针对危险废物焚烧,焚烧炉型也各有不同;非焚烧技术又含有化学法、等离子法、热脱附法、蒸气法等。③危险废物按处置工艺可分为物理技术、化学技术、生物技术及其混合技术等。按处置方法可分为焚烧技术、非焚烧技术、填埋技术、固化/稳定化技术等;无论危险废物处理处置技术按照何种方式进行分类,其目的都是要实现危险废物减量化、资源化和无害化。具体的危险废物处理处置技术如表8-1所示。

表8-1 危险废物处理处置技术情况汇总

序号	技术名称	适用范围	类型	技术成熟度
1	高温焚烧(焚烧炉、回转窑等)	能进行焚烧处理的所有危险废物	热处理技术	商业化
2	热解工艺	有热能回收价值的危险废物	热处理技术	商业化
3	水泥窑协同处置	对水泥产品质量影响较小的危险废物以及有关规定不能处置的危险废物	热处理技术	商业化
4	PACT等离子体技术	所有固态和液态的危险废物	热处理技术	商业化

序号	技术名称	适用范围	类型	技术成熟度
5	PCS等离子体技术	所有种类的危险废物	热处理技术	商业化
6	PEM等离子体技术	所有固态和液态的危险废物	热处理技术	商业化
7	高温熔融技术	所有种类的危险废物	热处理技术	商业化
8	熔渣工艺	所有危险废物	热处理技术	示范
9	熔融金属	气体、液体或粉末状的废物	热处理技术	示范,可能适用于所有危险废物
10	熔盐氧化	适用于多种难处理有机废物	热处理技术	仅对部分杀虫剂作过示范
11	原位热脱附和热破坏	多氯联苯、二噁英和呋喃污染的土壤或底泥	热处理技术	商业化
12	热脱附/氧化	高浓度氯苯污染物	热处理技术	研究
13	溶解电子技术	含持久性有机污染物和其他化学品的土壤	化学还原	示范
14	碱性催化分解	持久性有机污染物废物;部分多氯联苯废物;变压器金属表面的多氯联苯废物	化学还原	商业化
15	钠还原	受到多氯联苯污染的变压器油,浓度上限 10 mg/kg	化学还原	商业化
16	催化氢化	低浓度液态废物	化学还原	示范
17	气相化学还原工艺	持久性有机污染物废物;水性液体和油性液体、土壤、沉积物、变压器和电容器	化学还原	商业化
18	媒介电化学氧化	氯代烃、硫及磷基,此过程还用于处理有机放射性废物	化学处理	示范
19	媒介电化学氧化	含低浓度氯丹、二噁英及多氯联苯的液体、固体及沉积物	化学处理	示范

序号	技术名称	适用范围	类型	技术成熟度
20	超临界水氧化	持久性有机污染物废物;液状废物、各种油类、溶剂和直径不超过200 μm的固体;所涉废物的有机含量低于20%	化学处理	商业化
21	电化学增强生物降解	低浓度持久性有机污染物废物;污染的土壤、沉积物	生物处理	示范
22	DARAMEND®生物修复	含低浓度毒杀芬及DDT的土壤或沉积物	生物处理	商业化
23	厌氧/好氧强化堆肥	受氯丹、DDT、狄氏剂和毒杀芬污染的低浓度土壤	生物处理	商业化
24	厌氧菌生物修复	含低浓度毒杀芬的土壤或沉积物	生物处理	商业化
25	植物修复	低浓度持久性有机污染物污染的土壤、沉积物及地下水	生物处理	示范

危险废物实行预防为主、集中控制,对危险废物的产生、运输、贮存、处理和处置应实施全过程控制,包括医疗危险废物在内的危险废物,其处理处置技术可分为预处理技术、安全填埋技术、焚烧处置技术、非焚烧处置技术、协同处置技术、生物处理技术等。

二、危险废物预处理技术

危险废物预处理技术包括物理法、化学法和固化/稳定化等。预处理技术主要用于危险废物安全填埋、焚烧、非焚烧和水泥窑协同处置、生物处理等处置前,便于后续工艺的处理与处置。

1. 物理法

物理法是指通过一些物理的方法使废物改变形态或相变化,成为便于运输、储存、利用、处置的形态。对于固态的危险废物,常见的物理法处理工艺包括清洗、压实、破碎、分选。对于液态的废物(废液),常见的物理法处理工艺包括絮凝、增稠、气浮、离心、过滤(微滤、超滤、纳滤)、萃取、干燥、结晶、蒸发与蒸馏浓缩等。

2. 化学法

化学处理是指采用化学方法破坏危险废物中的有害成分,以达到无害化或将其转变为适于进一步处理处置的形态,包括氧化还原、酸碱中和、反应螯合沉淀等。

3. 固化/稳定化

固化/稳定化是用物理与化学方法将有害废物掺合并包容在密实的惰性基材中,使其稳定化的一种过程,以降低其对环境的危害,因而能实现较安全的运输和后续处置。包括水泥固化、石灰固化、塑料固化、自胶结固化和药剂稳定化等,其中固化所用的惰性材料称为固化剂,有害废物经过固化处理所形成的固化产物称为固化体。固化技术首先是从处理放射性固体废物发展起来的,近年来,其技术有较大的发展,已应用于处理多种有毒有害废物,如电镀废渣、砷渣、汞渣、氰渣、铬渣等。

三、危险废物安全填埋处置

危险废物填埋场多为全封闭型填埋场,可选择的处置技术包括单组分处置、多组分处置和预处理后再处置。安全填埋处置技术适用于《国家危险废物名录》中除与填埋场衬层不相容的废物以外废物的单组分填埋,适合于处置物理、化学形态相同的危险废物。多组分填埋适用于处置两类以上混合后不发生化学反应或发生化学反应后性质稳定的危险废物。

1. 单组分处置

采用填埋场处置物理、化学形成相同的废物称为单组分处置。废物经处置后无须保持其原来的物理形态。

2. 多组分处置

多组分处置的目标是当处置混合废物时,确保它们之间不能发生反应而产生更毒的废物,或更严重的污染,如产生高浓度有毒气体。可分为以下三种类型:①将被处置的各种混合废物转化成较为单一的无毒废物,一般用于化学性质相异而物理状态相似的废物处置,如各种污泥等;②将难处置废物混在惰性工业固体废物中处置,这种共处置不发生反应;③接受一系列废物,但各种废物在各自区域进行填埋处置。这种共处置实际上与单组分处置无差别,只是规模大小不同而已。

3. 预处理后再处置

对于因其物理、化学性质而不适合于填埋处置的废物,在填埋处置前必须经过预处理达到入场要求后方能进行填埋处置。

四、危险废物焚烧处置

目前常用的技术包括回转窑焚烧、液体注射炉焚烧、流化床炉焚烧、固定床炉焚烧和热解等。焚烧技术适用于处置有机成分多、热值高的危险废物,处置危险废物的形态可为固态、液态和气态,但爆炸性废物不适宜采用焚烧技术进行处置。

回转窑可处置的危险废物包括有机蒸气、含高浓度有机废液、液态有机废物、粒状均匀废物、非均匀的松散废物、低熔点废物、含易燃组分的有机废物、未经处理的粗大而散装的废物、含卤化芳烃废物、有机污泥等。

液体喷射炉可处置的危险废物包括有机蒸气、含高浓度有机废液、液态有机废物、低熔点废物、含卤化芳烃废物等。

流化床主要用于处置粉状危险废物。

固定床炉可处置的危险废物包括有机蒸气、粒状均匀废物、非均匀的松散废物、低熔点废物、含易燃灰组分的有机废物等。

热解炉可用于处置有机物含量高的危险废物。一般热解用于预处理,后面的工序还需要配套焚烧废气的二燃室。

五、危险废物的非焚烧处置

危险废物非焚烧处置主要包括高温蒸汽处理技术、热脱附处置、熔融处置、催化分解、电弧高温等离子处置等,危险废物非焚烧有关处置技术见表8-2。危险废物非焚烧处置技术门类较多,具体处置废物类型应根据技术特点和拟处置废物的特性进行选择。

表8-2 危险废物非焚烧有关处置技术

技术名称	技术的适用性
高温蒸汽处理技术	适用于处理《医疗废物分类目录》中的感染性废物和损伤性废物
热脱附技术	处置挥发性、半挥发性及部分难挥发性有机类固态或半固态危险废物,如含有危险废物的土壤、泥浆、沉淀物、滤饼等
熔融技术	处置危险废物焚烧处置产生的残渣和固体废物焚烧处置产生的飞灰等

技术名称	技术的适用性
催化分解技术	适合于处置二噁英、有机废气及POPs类废物
热等离子体技术	适用于处置毒性较高,化学性质稳定并能长期存在于环境中的危险废物,特别适宜处置垃圾焚烧后的飞灰、粉碎后的电子垃圾、有毒液态或气态危险废物等

六、危险废物的生物处置技术

微生物降解是利用原有或接种微生物(即真菌、细菌等其他微生物)来代谢和降解危险废物中的有关污染物,并将污染物质转化为无害的末端产品的过程。常用的方法有厌氧处理、好氧处理和兼性厌氧处理,一般应用于污染土壤的修复和有关物质的回收利用处置。

微生物降解技术一般不破坏植物生长所需要的土壤环境,污染物的降解较为完全,具有操作简便、费用低、效果好、易于就地处理等优点。但生物修复的修复效率受污染物性质、土壤微生物生态结构、土壤性质等多种因素的影响,且对土壤中的营养等条件要求较高。如果土壤介质抑制污染物微生物,如高浓度重金属、高氯化有机物、长链碳氢化合物等,则可能无法清除目标。微生物降解还需要控制场地的温度、pH值、营养元素量等,使之符合微生物的生存环境条件。生物降解在低温下的进程一般缓慢,修复时间长,适用范围为对能量的消耗较低、可以修复面积较大的污染场地。特定微生物也只降解特定污染物,受各种环境因素的影响较大,污染物浓度太低不适用,低渗透土壤可能不适用。

第二节　危险废物的资源化处置技术

一、废有机溶剂的处置技术

1. 有机溶剂的概念与分类

(1)概念

有机溶剂是指常温常压下为有挥发性的液体,且具有溶解其他有机物质特性的有机物。有机溶剂具有特殊性能,其能直接或间接分散树脂、颜料或染料等高分子化合物,且不与其反应,成型后又能挥发出来,因而其在工业上的用途相当广泛。但有机溶剂大多容易挥发,形成挥发性有机污染物(VOCs),且大多数有毒、有害,有的具有致癌、致畸性、致突变;参与光化学反应,形成光化学烟雾;有的可破坏臭氧层。工业排放的有机废渣已成为主要污染源之一。

(2)分类与应用

有机溶剂的种类较多,按其化学结构可分为14大类,包括:①芳香烃类,如苯、甲苯、二甲苯、苯酚、硝基苯等;②脂肪烃类,如戊烷、己烷、辛烷、松节油等;③脂环烃类,如煤油、汽油、环己烷、环己酮、甲苯环己酮等;④卤化烃类,如氯苯、二氯苯、二氯甲烷等;⑤醇类,如甲醇、乙醇、异丙醇等;⑥醚类,如乙醚、环氧丙烷等;⑦酯类,如醋酸甲酯、醋酸乙酯、醋酸丙酯、醋酸丁酯等;⑧酮类,如丙酮、甲基丁酮、甲基异丁酮等;⑨二醇衍生物,如乙二醇单甲醚、乙二醇单乙醚、乙二醇单丁醚等;⑩含氮化合物溶剂,如酰胺类、乙腈、吡啶等;⑪羧酸及酸酐类溶剂;⑫含硫溶剂;⑬多官能团溶剂;⑭其他,如切削液等。

有机溶剂在各行各业都有应用,包括医药、石油、化工、橡胶、电子、涂料、农药、纤维、玩具、洗涤等。

2. 废有机溶剂的处置技术

目前废有机溶剂治理措施主要有两类:一类是焚烧,另一类是回收。回收是通过物理的方法,改变温度、压力或采用选择性吸附剂和选择性渗透膜等方法来富集分离有机气相污染物的方法,主要有蒸馏(精馏)、冷凝、膜分离以及它们之间的组合,常用的是"蒸馏(精馏)+冷凝"组合工艺。蒸馏的具体方式有精馏、减压蒸馏、共沸蒸馏、分子蒸馏、加盐蒸馏等。

(1)冷凝法

采用冷凝法回收挥发性有机溶剂的工作原理是:利用物质在不同温度下具有不同饱和蒸气压这一物理性质,采用降低系统温度或提高系统压力的方法,使处于蒸气状态的物质冷凝并从其他成分中分离出来的过程。冷凝回收法的优点是所需设备和操作条件比较简单,回收得到的物质比较纯净,其缺点是净化程度受温度影响大。常温常压下,净化程度受到限制。冷凝回收仅适用于蒸气浓度较高的情况下,因此,一般情况下,冷凝回收往往用作吸附、燃烧等净化设施的前处理,以减轻后续措施的负荷,或预先回收可以回收的物质以及用于蒸馏配套设备。饱和蒸气压随温度的变化不大的物质不适合冷凝方法。

溶剂蒸气和混合物蒸气的冷凝回收可以采用较常规的冷凝冷却方法。一般有两种方法：①溶剂蒸气和混合物蒸气通过设备的换热壁面与冷却介质进行间接热交换而被冷凝冷却；②用冷却介质直接与溶剂蒸气接触进行热交换将溶剂蒸气冷凝冷却。这两种方法常用的冷却介质有冷却水、低温冷冻水或其他低温介质如冷冻盐水等。在溶剂回收工艺中，常用第一种冷凝冷却方法，因为这种方法不会造成在冷凝过程中冷却介质与冷凝液的混合，避免了溶剂与冷凝介质的分离，工艺简单且溶剂损耗小，属于这种方法的冷凝设备有列管冷凝器、喷淋冷凝器和板式冷凝器等；属于第二种方法的冷凝设备有混合式冷凝器。

（2）蒸馏法

废有机溶剂由于大多具有易燃性、腐蚀性、易挥发性或反应性等特性，对环境存在极大的危害性，属于危险废物，因此需要加强对废有机溶剂的处理和处置。

蒸馏是一种热力学的分离工艺，它利用混合液体或液-固体系中各组分沸点不同，使低沸点组分蒸发，再冷凝以分离整个组分的单元操作过程，是蒸发和冷凝两种单元操作的联合。与其他的分离手段如萃取工艺等相比，它的优点在于不需使用系统组分以外的其他溶剂，从而保证不会引入新的杂质。蒸馏法是一种常用的高效、低投入的有机溶剂再生方法。

化工工业等生产过程中产生的废有机溶剂可根据其组成物质的沸点高低，分别控制其馏出物温度，采用简单蒸馏工艺进行间歇集中处理，便可实现回收利用。一般回收的工艺过程分为两步：首先采用离心分离机和减压蒸馏进行预处理，把溶剂与残渣分离；其次是对预处理获得的混合溶剂进行精馏，回收溶剂。

溶剂的物理性质、回流比与蒸馏所采用的温度、蒸馏时间、冷凝系统的冷凝温度是影响溶剂回收率、纯度的主要因素。回流比对废溶剂油中主要组分的回收率有较大影响。蒸馏需要冷凝作为后续配套工艺，物料才会得到有效的回收。

二、废弃电路板的综合处理与回收利用

1. 贵金属的提取

目前，对废弃电路板的处理主要集中在对废弃电子产品中贵金属的提取上，其回收贵金属的方法主要有化学处理方法、物理处理方法。

（1）化学处理方法

化学处理方法又可分为火法冶金、湿法冶金等工艺技术。火法冶金提取贵金属具有简单、方便和回收率高等特点；但是由于存在有机物在焚烧过程中产生有害气体而造成二次污染、其他金属回收率低、处理设备昂贵等缺点，目前该方法已经逐渐被淘汰。湿法冶金技术是目前应用较广泛的、从废弃电子产品中提取贵金属的技术，湿法冶金技术的基本原理主要是利用贵金属能溶解于硝酸、王水等的特点，将其从废弃电子产品中脱除并从液相中予以回收。与火法冶金技术相比，湿法冶金技术排放的废气相对较少，提取贵金属后的残留物也易于处理，但产生的废液还是较多，目前该技术仍在不断发展中。

（2）物理处理方法

物理处理方法主要包括有机械破碎、分选等多种技术。目前，物理处理方法主要用于铝、铜的回收，如美国利用强力旋流分选机从个人电脑的 PCB 中回收铝，通过控制进料速度，所得铝精矿的纯度为 85%，回收率在 90% 以上；瑞典利用电动滚筒静电分选机回收铜，通过设计和操作参数优化，所得铜精矿的品位为 93%~99%，回收率高达 95%~99%。日本 NEC 公司开发的废弃电路板回收工艺流程见图 8-1。

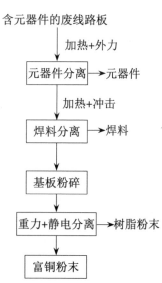

图8-1 日本NEC公司开发的废弃电路板回收工艺流程

2. 线路板基板的再利用

废弃线路板基板的主要组成是纤维强化热固性树脂，由于热固性塑料本身的特点,除了焚烧回收热值外,还可以作为粉末用于涂料、铺路材料等重新利用。虽然这些再生品质量低下、档次不高,而且在经济投资和资源利用方面也是不合理的;但是,近几年的研究结果表明,热固性塑料可以重新制成复合材料,可以根据废弃线路板基板原材料的不同,进行分开粉碎处理,选择新的树脂基体,最终生产出多种复合材料,即废弃物复合材料。

在工业发达国家,特别是在欧洲,热固性复合材料回收利用技术日益受人关注。各有关大公司共同投资、联合建厂,并且有政府资助。回收加工厂多以粉碎和热解法技术为主,已具备一定的规模,技术日趋成熟。其主要研究方向大致分为两个方面:一是研究非再生热固性复合材料废弃物的处理新技术;二是开发可再生、可降解的新材料。回收方法主要有3种,即能量回收(焚烧法)、化学回收(热解法)、粒子回收(粉碎法)。无论从技术可行性还是实用性来讲,粉碎回收法是最为可取的,可回收的热固性复合材料废弃物品种较多,对用一般方法难以回收的热固性复合材料废弃物(如PCB废弃物)也能较好地回收,且不会对环境造成污染,是解决热固性复合材料废弃物污染的一个重要发展方向。

参考文献

[1]李红双.工业废物处理问题及环境保护对策分析[J].当代化工研究,2021(20):119-120.

[2]覃友.固体废物处理处置现状与发展[J].皮革制作与环保科技,2021,2(18):150-151.

[3]乔露.中国城市固体废弃物分类回收激励机制研究[D].绵阳:西南科技大学,2017.

[4]罗鑫勋.我国固体废物处理处置现状与发展研究[J].低碳世界,2021,11(8):57-58.

[5]吴丽燕,王秀丽,白鹤.固体废弃物预处理中药制药废水的实验分析[J].绿色环保建材,2021(5):197-198.

[6]张琰.城市固体废物处理及资源化利用有效途径[J].资源节约与环保,2021(2):73-74.

[7]徐炳科,徐波.生物处理技术实现油气田钻井固体废物土壤化利用的探索[J].四川农业科技,2020(4):47-49.

[8]刘万伟.探讨化工工业三废处理技术方法及环境保护[J].科技风,2020(10):141.

[9]尹怀香.城市固体废弃物分类回收法律制度研究[D].青岛:中国海洋大学,2015.

[10]李丽.城市固体废弃物综合管理体系研究[D].广州:暨南大学,2009.

[11]刚杰.城市固体废弃物收运系统评价研究[D].武汉:华中科技大学,2009.

[12]石德智.基于新型分类收集系统的生活垃圾焚烧过程污染物控制及其机理研究[D].杭州:浙江大学,2009.

[13]欧阳丰瑞.中国城市固体废弃物资源化管理体系研究[D].哈尔滨:哈尔滨工业大学,2007.

[14]易仁金.城市固体废弃物催化热解的实验研究[D].武汉:华中科技大